新潮社

目次

カバー写真　川上尚見
日置武晴
ブックデザイン　島田隆

日本のすごい味

おいしさは進化する

東京都

淡路町「近江屋洋菓子店」

「近江屋洋菓子店」の定番、スライスしない丸ごとのいちごをはさんだホールのショートケーキ(6〜7人用の6号)。

いちごのショートケーキ

ひと目見ただけで顔がほころぶ。こどもに戻って夢中で頰ばると、「あ、クリームついてる!」。言われてあわてて口のはじを舐めたりすると、もっとうれしい。いちごのショートケーキには幸福を運ぶ翼が生えている。

「近江屋洋菓子店」のいちごのショートケーキには、うっとりさせられる。きめこまやかなスポンジ。まっ赤ないちごがまるごと、どっさり。口溶けのいい純白のクリーム。フォークを差し入れると、食べる前から夢見心地だ。こんなショートケーキにはなかなかお目にかかれない。つくりたてで、文句なくおいしくて、安くて、実直な味。いちごのおいしさが宝石みたいに燦めいている。

神田淡路町「近江屋洋菓子店」の大きなガラス扉を押すと、そこはいつもいつも安心感に充ちている。年中無休、平日は朝九時から夜七時まで。ぴかぴかの大きなショーケースに、アップルパイ、クッキー、みずみずしい季節のフルーツをふんだんにあしらったケーキ、いちごショート……おなじみの面々が並ぶ。パンのコーナーには角食（食パン）、ホットドッグ、ピロシキ、サンドウィッチ、おかずパン……売り切れ仕舞いの焼きたてが、棚にずらり。さんざん迷いながら自分のトレイに載せ、ケーキをショーケースごしに注文したり、奥のイートインの席で、熱いコーヒーとケーキでおやつを食べることもある。老若男女が思い思いにくつろいでいる空気に身を置く心地よさ。このなごやかな雰囲気もいっしょに味わいたくて、また「近江屋洋菓子店」に寄りたくなる。

創業は明治十七年。初代吉田平三郎が「近江屋」を屋号に選んだのは、妻方の出身が彦根で、商人の鑑と謳われた近江商人にあやかってのことだった。最初は炭屋として開業したが、ほどなく時代を先取りするパン屋に転身した。明治二十八年、二代目・菊太郎が十八歳のときサンフランシスコへ渡り、ワシントン州のミルクホールで苦労して働きながらパンの製法を学び、三年間のアメリカ生活を経験したのち帰国。現在の店をスタートさせた。

神田淡路町の現在の店は、昭和四十一年に誕生した。天井はダークブルー、落ち着いたブラウンの壁は桜材と大理石のコンビネーション、床は大理石のモザイク模様。ホテルのロビーと見紛うミッド・センチュリー・モダンのスタイルは、当時最新の感覚にこだわって建て替えた三代目・増蔵によるものだ。四代目を継いだのは増蔵の息子、現社長の吉田太郎さん。

「当時は、こんな贅沢なものつくっちゃって、と周囲にずいぶん言われたようです。でも、堅牢なつくりで、何十年経ってもびくともしません」

神田っ子はがんこなのだ。人は人、よそはよそ。干渉するのも、されるのも大嫌い。自分の考えを通してわが道をゆく一徹な気質。戦前戦後の物資統制下、砂糖や小麦粉が入手困難な時代にあって、店主みずから奔走して材料をかき集め、パンと洋菓子をつくり続けてきた。

店を引き継いで以来、太郎さんはかならず毎朝六時半、冷蔵トラックを運転して果物市場へ出向く。

「鮨屋みたいに毎日素材を仕入れる洋菓子店なんて、ほかにないんじゃないかな」

果物の仕入れだけは誰にもまかせないのが、四代目の流儀だ。

「うちは高級店でも一流でもないけれど、果物の質と新鮮さはまねできないと思います」

大田市場では、あちこちに馴染みの仕入れ先があり、品質から値段の相場まで果物によって買い分ける。いちごなら、ひと呼んで〝大田市場のストロベリー・エンペラー〟「文孝」の星野社長と話をしながら、仕入れの内容を決める。十一月から四月いっぱいは国産、五月から十月まではアメリカ産、その時期に一番おいしいいちごを仕入れる。太郎さんの言葉はいつも明快だ。

「お客さんのことを考えて、鮮度のいいもの。店のことを考えて、ロスのない仕入れ。そうすれば、おのずとリーズナブルでうまいものがつくれます」

仕入れた掘り出し物を電動カートに積み込むと、「今日も上出来」。そう言い、笑顔をほころばせた。

「文孝」の星野社長（写真下の左）はあらゆる種類のいちごについて熟知する果物のプロ。近江屋洋菓子店の吉田太郎さんとは、外国の産地まで一緒に視察に行った仲だ。

リーズナブルで、うまい。

これが「近江屋洋菓子店」の基本である。気張って「ここ一番」と財布を開くトレンディな洋菓子ではなく、毎日飽きずに食べられるふだんの洋菓子。「うまい」を、あくまで日常の物差しで捉えている。

「カリスマ・パティシエと聞くと、どこの世界の話だろうと思っちゃう。否定はしませんが、自分とは目指す方向がまったく違う。うちの店は、高級化したくないんです。子どもに手づかみで食べてもらっていい、そんなお菓子でありたいと思っています」

新鮮な素材をみずから市場で選べば、おいしさに責任が持てるし、値段が抑えられて喜んでもらえる。料理も洋菓子もおなじですよ、と太郎さんは言う。

「ときどき、〝はね出しケーキ〟というのをやってたの。ちょっと傷がついたり形にやや難ありの果物を使って、二百五十円くらいの安い値段で売るケーキ。でも、もとは高級フルーツ店に納める一級品の果物だから、味は抜群。今はなかなかできないのだけど」

値段の安さは、「近江屋洋菓子店」の「武器」である。それができるのは、先代からの取引先を大事にしながら三十年間、市場で築いてきた信頼関係があるからだ。さらには、市場の卸業者といっしょに外国の農園に視察に行ったり、国内あちこちの畑にも毎年必ず足を運ぶ。果物は天候に左右されやすいから、とにかく情報収集が欠かせないという。

「いちじくは雨が続くとだめだし、すいかは熱波に弱い。巨峰は波がある。収穫状況をじかに聞けば、こちらも仕入れの見通しが立ちますから」

今朝の朝の仕入れはラズベリー、パイナップル、りんご、いちご、すもも、メロン、パパイヤ、パッションフルーツ、バナナ……太郎さんが荷台に箱を積み込む様子は、果物屋さんの店先より華やかだ。


店主みずから選んだ旬の果物を、最良のかたちでお菓子に活かす。(上)りんご3個分が詰まったアップルパイは、秋口から冬が食べごろ。フレッシュなフルーツケーキと並ぶ人気商品(下の生チョコフルーツは現在はない)。

「あ、アボカド頼んでないけど入ってる（笑）。よく熟してるから、アボカドはジュースにしようかな。こうして卸と買い手がお互い協力し合うこともあります」

今日は出物があるよ、と勧められれば思い切ってどっさり買うし、めずらしい果物を発見したら、新しい味を試作するために買ってみる。太郎さんの仕入れの様子を見ながら、思った。「近江屋洋菓子店」のショーケースは、果物をめぐる「最先端の現場」でもある。

朝八時。市場から店へもどると、工場を預かる職人さんたちが待ち受けていた。太郎さんがさっそく今朝の仕入れの内容をじかに申し送ると、工場内は一気に活気を帯び、イキのいい生きものみたいに動きだす。

職人さんはのべ三十人、みな長年「近江屋洋菓子店」で働いてきた職人さんばかり。数年前まで、十三歳から七十五年間勤続した八十八歳の工場長が采配をふるっていた。「近江屋洋菓子店」の味は、職人の味でもある。勤続五十八年の大ベテラン、このとき工場長の石川一也さんが言う。

「そうですねえ、飽きない味というのかなあ。軽い味。私らだってふたつみっつ、手が出ちゃいますもんね。社長が毎朝どーんと仕入れてくれるので、こっちもやりがいがあります。おなじ生地でも、合わせる旬のフルーツひとつで、味も雰囲気もがらっと変わります」

いちごのショートケーキをつくる大ベテランの手ぎわは、ほんとうに見事なものだ。冷気を入れながらふわっとホイップした生クリームをスポンジにのせ、いちごを手早く並べる。石川さんが、巧みにスナップを効かせながらクリームの仕上げを見せてくれた。きゅんっと立ったツノのうつくしさに惚れ惚れする。

「クリームの先端をすーっと抜き切った形に整えます。ふわっとさせながら形が崩れないように仕上げるのがたいへんなんですよ」

いちごを数えてみた。直径十八センチの台に、堂々三十三個。スポンジの層のあいだから顔をのぞかせる様子も愛らしい。甘過ぎず、いちごの酸味とうまみがたっぷり。これ以上ないほどシンプルなのに、「近江屋洋菓子店」の味は、食べればすぐわかる。このおいしさは、太郎さんが狙い定めて仕入れたいちご、「近江屋洋菓子店」のおいしさをつくりだす職人さんとの呼吸の産物だと思った。

新鮮な果物は待ったなしだから、仕入れて持ち帰ったぶんはその日のうちに活かし切りたい。ケーキ以外にも、ジャムを煮る、カフェテリアで出すジュースを搾る、アイスクリームに加工する、ダイスにカットして瓶詰めのフルーツポンチに仕立てる……バラエティをかんがえながら差配する。秋は柿、ぶどう、いちじく……並ぶ商品が、そのまま季節の変化を映し出す。いつ寄っても飽きないのはそのためだ。

「お客さまに、以前に買ったときと果物の味が違うって言われることもあるんですが、そりゃ当たりまえですよね。自然のものなんだから。牛乳やクリームだって、厳密に言えば季節や牛の年齢によっても変わってくる。それを楽しめるのが余裕じゃないかと思うんです」

ラズベリーがたくさん手に入ったときは、作り手の側だって楽しい。思い切り贅沢にラズベリーを使って、タルト一台二千円の破格値で店頭に並べることもある。

「お菓子の味は、結局お客さんが決める。つくっているほうは、どうしても思い入れやひとりよがりもあるから客観的になれないところがあります。お金を出して買ってくださるお客さまが一番シビアです」

店を支える商品はほかにもある。たとえば、アップルパイとクッキー。アップルパイは、フレッシュなりんごを手でむき、砂糖、バター、カルヴァドス、レモン汁で煮る。それを水気の少ないバターと卵黄、小麦粉で焼いたパイ生地で包み、多いときは一日七十台を焼く。定番のクッキーも根強い人気で、お遣いものに、と決めて買いにくる常連客も多い。

バター高騰のときも品質を落とさなかった。

「品不足、値上げと騒いでいるけれど、ほんとうにそうでしょうか。たしかに業界は厳しい。でも、いまは楽な時代だと思うんです。『近江屋』は私で四代目ですが、戦争もないし、素材は探せば必ずあるし、いいものをつくれば買っていただけるし」

と同時に、変えるべきところは少しずつ変えてきた。以前アップルパイの売れ行きが伸び悩んでいたけれど、試行錯誤を重ね、五年前に現在のレシピに変えてから人気が再燃したという。

昼過ぎ、「近江屋洋菓子店」を訪ねるのが好きだ。ケーキのほかに目当てがもうひとつ、奥のカフェテリアでのランチである。いつもの組み合わせはおかずパンとお代わり自由のスープ、フレッシュな搾りたてのジュース。ときどき洋菓子店にスープの匂いはいかがなものかと小言をいうお客さんもいるらしいけれど、そういうとき太郎さんは「もともとうちはパン屋だったので」。目立たないけれど、エプロン姿の妻の優子さんがスープの鍋に中身を注ぎ足している。ずっと毎日、家族経営でがんばってきた。

「冷蔵設備や包装など機械でできる設備投資は惜しまない。だから、うちのケーキは装飾的でなく、焼きっぱなし、切りっぱなしの素朴なもの。そのかわり味には自信あり。そこを目指しています」

神田のこのあたりには鳥鍋の「ぼたん」、蕎麦の「やぶそば」「まつや」、洋食の「松榮亭」、甘味の「竹むら」……老舗が居並ぶ。どの店も、神田っ子の意地でこうと決めた自分の味を守り抜いてきた。

包み紙とおなじかわいい絵柄の小型冷蔵トラックは、今朝もまた大田市場から新鮮な果物をどっさり店まで運ぶ。

近江屋洋菓子店
[神田店]千代田区神田淡路町2-4
Tel 03-3251-1088　Fax 03-3251-5815
営業　無休　月〜土9時〜19時
日祝10時〜17時半(喫茶は17時まで)
http://www.ohmiyayougashiten.co.jp/

いちごのショートケーキ
ホール4号　3672円
5号　4536円　6号　5616円
7号　9072円　8号　17280円
9号以上は時価

昼時、おかずパンとコーヒー、ジュース、熱々のスープなどのランチは、近隣のOLにも大人気。カウンターとテーブルの20席があっという間にいっぱいに。

東京都

中目黒「聖林館」

ピッツァ

「特別なものは何も使いません。粉もチーズもトマトも、身近で手に入る日本のものです」

びっくりしてしまう。東京にナポリピッツァを広めた先駆者で、みながその背中を追いかけるひとが言うのだから。「東京のすごい味」は、と訊かれて「聖林館（せいりんかん）」のピッツァを挙げたくなるのは、東京で異文化の食べ物をつくる意味がとことん考え抜かれた背景があるからだ。「特別なものはなにも使いません」という言葉は、二十年にわたる思考と実践から導き出されている。

はじめてこのピッツァに出会ったのは一九九七年、現在の店の前身「サヴォイ」を名乗っているときだった。中目黒に石窯で焼くピッツァを出す店があると聞いて出かけると、マリナーラ（トマト、にんにく、オレガノ）とマルゲリータ（トマト、モッツァレラ、バジル）の二種類だけ。ナポリピッツァ独特のもちもち、かりっと焼き上がった生地のおいしさに驚嘆したが、とりわけ衝撃的だったのは、舌のうえで生地が跳躍するような生命力、表現力。食べ終わっても、まだ舌がざわざわと騒ぐ。

すごいピッツァを焼くひとがいるものだ。「サヴォイ」店主、「柿沼進」の存在感を強烈に感じた。

以来ずっと食べ続けているのに、はじめて食べたときの驚きは変わらない。それは、柿沼さんの焼くピッツァがつねに進化しているということなのだろう。火傷しそうな熱い生地を頬ばると、舌が刺激されて躍りだす。鼻をくすぐる粉の甘い香り、口のなかには生地の焦げ、ふくらみ、へこみ、厚さ、薄さ、奔放に跳ねまわるようなトマトの酸味、オリーブオイルの光沢、しなだれる熱いチーズ、これはなんだと興奮しながら、あっというまに一枚ぺろりと平らげてしまう。

「サヴォイ」から「聖林館」と名前を変えて新店舗を構えたのは二〇〇七年だが、驚くべきことに、柿沼さんは開店以来二十年、一日たりとも休まず、石窯のまえに立ってひとりでピッツァを焼き続けてきた。ナポリピッツァは薪窯で焼くのが条件のひとつだが、ピーク時には四百～五百度まで上昇する炉内の循環温度をいったん落としてしまうと、窯のコンディションは著しく低下する。思い通りのピッツァを焼くためには、つまり、窯は自分の分身でなければならないということ。だから柿沼さんは休日を持たず、母親の訃報が届いた日もいつもと変わりなく黙々とピッツァを焼いた。日本中探しても、そんな店も人物もどこにもない。

「聖林館」のピッツァを語ることは、とても刺激的だ。それは、いま日本のナポリピッツァについて語ることであり、日本人と外国の食文化の関係を探ることでもあるから。

そもそも柿沼さんはジャズドラマーだった。高校を卒業してすぐプロのドラマーになり、勉強のためにニューヨークに渡ってライブハウスに飛びこむ。しかし、そこで待っていたのは挫折だった。

「太刀打ちできない。流れている血が違う。打ちのめされました。目の前の黒人ドラマーは、まるで肩に力が入っていなくて自然体でスイングしていた」

落胆とともに帰国、いったん就職する。しかし音楽への情熱は変わらず、すきなジャズを聞ける仕事に就こうと決意して思いついたのが、二十六歳ごろ旅をしたナポリのピッツァだった。

「初めて食べたのに、なつかしい気持ちがしたんです。あのもちもちとした感触や香りの記憶が忘れられなくて、じゃあジャズとピッツァでいこうと」

一九九四年、あらためてピッツァを学ぼうと一年間ナポリへ渡り、その翌年「サヴォイ」をスタートさせる。当時ピッツァといえばアメリカンスタイルや薄い生地のローマ風一辺倒で、ナポリのピッツァは無名だった。ところが開店一年め、テレビで取りあげられたとたん予約のいる店になった。

「ナポリではファストフードみたいな存在なのに、東京では評判だけ独り歩きして、内心とても違和感がありました。当時毎日考えていたのは、はやく『自分の基本』をつくりたいということでした」

いつまでも〝ナポリに忠実な味〟にとどまっていては、前へ進めない。なにしろ、親がつけてくれた名前からして、〝ススム〟である。

「どれほどナポリと同じ味、雰囲気に近づけても、つくっているのが日本人なら、ただの猿真似になってしまう。僕はそれが嫌なんです。いまナポリピッツァの店がたくさん流行っているけれど、彼らのテーマは〝いかにナポリと同じであるか〟。でも、ナポリを神様にしていたら、いつまでも逃れられないと思う。そこを超えたところに、次がある」

冷静な分析をうながしたのは、ニューヨークでの手痛い挫折だったろう。しだいに考えるようになった——いくら努力しても、血が違えば決して近づけないものがある。アメリカのジャズもナポリのピッツァもおなじだ。生まれたときからピッツァを食べてきたナポリのひとたちには絶対敵わない。ならば、自分にしか焼けないピッツァをつくるほかない。

毎日ピッツァを焼くのは、いつ窯のまえに立っても、つねに肩のちからを抜いて自然体でいられるためではないか。柿沼さんのピッツァを進化させていったのは、自分を客観的に分析する知性、ドラ

薪窯は店の心臓部。ピッツァ職人の生命線だ。石窯の前が柿沼進さんの定位置。

マーの身体性や感応性、くわえて血肉にするための不断の努力だったのだと思う。

　その成果が、現在の「聖林館」である。ちょっと不思議な名前は一九三〇年代の映画やジャズがすきだからハリウッド、つまり聖林。建築デザインは、店舗を手がけた経験のない金属造型作家に依頼し、要塞をイメージさせるハードな黒い外観にした。しかも、一階に据えた薪窯は建物の一部に組みこまれている。

「建物自体を窯にしたかったんです。薪窯が心臓です」

　心臓部の設計は、日本人の窯職人に依頼した。内部に使用しているのはヴェスヴィオ火山から採掘した砂からつくるブロックで、ナポリの窯で使われているのと同じもの。ふつうは縦に組み立てるところを、ドームの上部まで横にこまかく積み上げられている。火力を上げるため、直径は少し小さめの約百十センチ、高さは丸天井にしたぶん高め。つねにひとりで焼くので、自分にとっての動きやすさも考慮してもらった。最初の火入れは、オープンの三ヶ月前。当初は「まったく言うことを聞かな

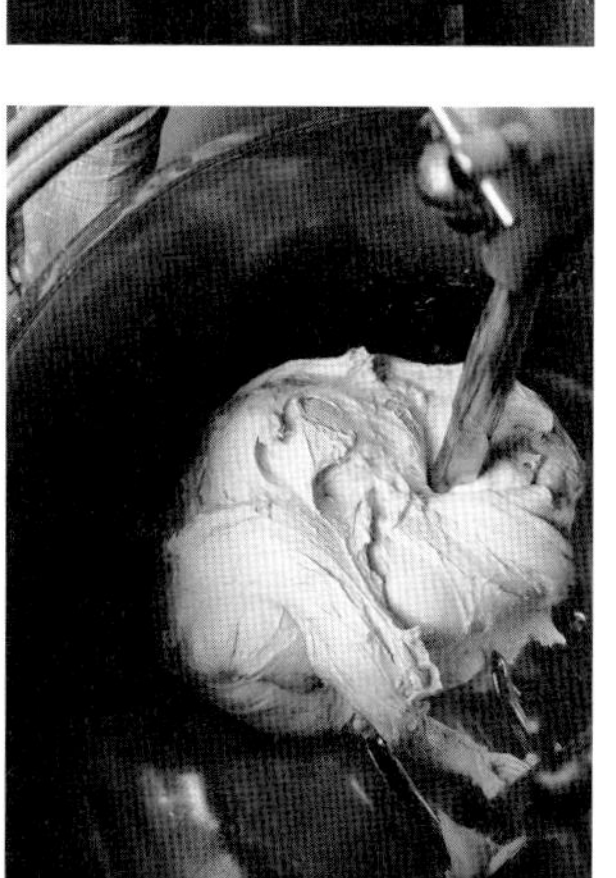

上から、イタリア製の年代物の練り機。粉と水を入れてこね、途中で塩を加え、いったん寝かせた生地を空気を抜きながらまとめる。（右頁）保存庫で2日間熟成させた生地。

いじゃじゃ馬」だったけれど、三年ほど前からやっと馴染んできました、と笑う。焚く薪はナラ、一週間で二十束以上の束を使い切る。

毎朝九時、いち早く店に入った柿沼さんがまずスタートするのは、生地づくりだ。材料は小麦粉、水、塩、生イースト。水と小麦粉の割合の基本は一対六だが、生地の出来は季節や天気に影響されるため、その日の湿度、温度から判断して配合を調節している。

「室内温度もだいじです。ちょっと肌寒いかな、というくらいがちょうどいい。理想は十二、三度なんですが、温度調節には頼りたくないんです。けっきょく僕も生地もおなじ生きもの同士なので、自分がどう感じるかをだいじにしたいなと思っています」

一時間とすこし、練り機でゆっくりこねた生地を取り出して布巾をかけ、二十分ほど寝かせてから二百グラムずつ小分けする。空気を抜きながらころころと掌でやさしく回してまるめ、専用の木箱に

薪窯からピッツア・マルゲリータが登場！
すぐさま皿に移し、スタッフが螺旋階段を駆け上がって熱々をテーブルに届ける。

並べて階下の低温保存庫におさめて二晩寝かせるのが「聖林館」のスタイルだ。生地の下ごしらえのあいだに、窯に薪を入れて火を起こし、窯内のウォーミングアップを進める。仕込みのあいま、表に水を打って開店準備を着々と進める。今日のぶんの生地が入った木箱を保存庫から運んできたら、準備完了。午前十一時半、開店直前にまるく広げた生地を二枚、窯のなかに入れて焼け具合をテストするのも、いつもの習慣だ。

正午過ぎ。最初のお客さんが入ってきた。今日の一人めは三十代の男性客。ほどなく、窯の前にスタンバイする柿沼さんに注文の紙片が渡される。

「マルゲリータ　１」

柿沼さんの動きには、まったくむだがない。発酵して餅のようにふくらんだ生地をヘラですくう、木箱から取り出す、大理石の台に置く、右手と左手を使ってすばやく円盤状に広げ、プチトマトを散らし、バジルをちぎり、モッツァレラを小分けにしてのせ、塩をぱらぱら、オリーブオイルをぴゅーっと回しかける。生演奏さながらのライブ感。最後にしゅっとパーラを底に差し込んですくい、窯の右奥めがけて一気に差し入れた。

柿沼さんが窯のなかの生地を凝視する。オレンジ色の照り返しに染まった内部に黒い煙がふわっと立ち昇り、ゆっくり回転しはじめる。内部の温度は四百度〜五百度、高熱の対流にさらされた生地がむっくり起き上がり、縁がぷくーっとふくらむ。ところどころに焦げが現れる様子を確認したのち、パーラを差し込んでくるっと一回転、ひと呼吸置いてもう半回転——この間、わずか一分。

窯から取り出すと、ぴちぱち爆ぜる音、目を射る明るい色彩、粉のふっくら甘い香り、勲章みたいに華やかな焦げ、とろとろのモッツァレラ。目の覚めるような一枚がピッツァ・マルゲリータとなって超特急で客席に運ばれていった。

それにしても、なんという早技だろう。迷いというものがまるでない。注文のたび、何枚も何枚も焼き続ける手さばきを見ながら、思った。柿沼さんは窯を相手にスイングしている。野放図にさえ見えるトマトやモッツァレラの配し方には、力の抜けた奔放さ、呼吸のはずしがある。一枚一枚、アドリブの産物だ。

「ソースは、窯のなかでぐつぐつ混じり合うことで出来上がるというのが僕の考えなんです。ただ素材をのせるだけ、あとは自然にまかせる。自然なものがいちばん美しいし、おいしいと思う」

二十年間たゆまず窯の前に立ち続けてきた柿沼さんの確信だ。

「いまは、〝でもナポリのピッツァのほうがおいしい〟って言われたら、あ、そうかもしれないねって素直に言えます(笑)」

そもそも血の違うものと格闘してきたから、かえって日本人のオリジナリティを意識するようになった。ナポリで生まれた食べ物だけれど、日本人の自分にしかつくれないピッツァの味があるというのが、自分に与えた解答なのだった。ナポリ生まれのイタリア人も足繁く通ってくる。

この取材から5年後のある日、聖林館を訪ねたら別の若い職人がピッツァを焼いていた。柿沼さんは、最近は夜だけ窯の前に立っているという。当の本人に訊くと、意外な返事だった。

「じつは、二〇一八年秋をめどにアメリカ西海岸に店を出します。店ができたら自分でデモンストレーションしたいから、中目黒を留守にすることが多くなると思います」

NYのシェフ、デヴィッド・チャンの推薦でドキュメンタリー映画(一八年二月公開)に取材されたのがきっかけだったという。

「自分としてはアメリカじゃなくて、世界をめざしているんですけどね」

〝ススム〟柿沼さんらしいな、と思った。

聖林館

目黒区上目黒2-6-4　Tel 03-3714-5160
営業
平日11時30分～14時／18時～22時
土・日・祝日11時30分～15時／
17時～(売切れ終了)

ピッツァ

ピッツァ・マリナーラ、ピッツァ・マルゲリータ
いずれもオーダーはひとり1枚から。
1500円。そのほかブロッコリ、カプレーゼ、
ペペロンチーニ・エ・ポモドーロ、
ムール貝などの前菜も置く。

北海道

江別市「杉本農産」

アスパラガス

きょとんとして立ち尽くしてしまった。こんなシュールな畑、見たことがない。総面積一万三千坪の広大な畑いっぱい、土を蹴破ってつんつん棒立ちする無数の緑の鉛筆。北海道の大地にアスパラガスが屹立し、天を突いていた。

五月半ば、石狩平野のふところに抱かれた江別市を訪れた。いよいよ地熱が満ち、露地栽培のアスパラガスの収穫期を迎えた「杉本農産」は一家総出の大忙し。ぐんぐん生長するアスパラガスを一本一本刈り取り、時間と競争しながら半日以内に全国へ発送するのだから、てんやわんやの最高潮。声をかけるのもためらわれる忙しさだ。

採れたての「杉本農産」のアスパラガスを首を長くして待つ顧客は、いまや全国に一万数千におよぶ人気である。わたしもそのひとりだ。今日か明日か、わくわくしながら採れたての到来を待ち侘びる幸福に出合って十年以上経つ。ゆでたてに齧りつくときは、たまらない。じゅわっと迸る緑のうま

広大な畑でアスパラガスを露地栽培する。右は杉本農産の杉本慎吾さん。きゅっと締まって天を目指す穂先はほろ苦く、根元にいくほどじゅわっと甘い。

みが口いっぱいに満ちると、江別の自然、仕事ぶり、杉本家の様子……さまざまな情景を喚起させられ、一本のアスパラガスがもつ存在感の豊かさに圧倒されてしまう。

輪郭のくっきりとしたおいしさのアスパラガスである。みちっと詰まった濃いうまみ、スコッと爽快な歯ごたえ。嚙んだ瞬間、ジューシーな密度にくらっとする。味覚が記憶するというより、これは脳に刻みこまれる味。

「杉本農産」を率いているのが杉本慎吾さんである。東京の大学を出て地元江別に戻り、妻の正子さんと結婚して畑を持ったのは昭和四十六年。当初は小豆や男爵いも、小麦を育てていたが、五十八年ごろ、休耕田を利用してアスパラガスを手がけはじめた。当時ちょうど、北海道や長野を中心に水田転作用の作物としてアスパラガス栽培が広まりはじめた時期でもあった。ただし、アスパラガスは手間と時間のかかる野菜で、収穫まで最低三年を要する。種を蒔いてから一～二年は株の養成だけ、ようやく収穫が始まるのは三～四年めから。そのぶん、農家は投資と忍耐が試される。しかし、勉強熱心で負けず嫌いな慎吾さんにとっては、アスパラガスは絶好の挑戦材料だった。

減農薬。肥料は、鶏糞や貝などの有機質を主体にし、追肥は完熟した天然肥料。土地を交互に休ませながら養分を与え、地力を上げる——これが、現在約十万坪の畑を持つ慎吾さんが試行錯誤のすえたどり着いた農業の基本だ。まず土ありき。五月に収穫を迎えるアスパラガスも、もちろん入魂の土で育ててきた。芽が出始めたら除草剤は使わない。人件費を惜しまず、雑草は鍬や手で除くのも「杉本農産」のスタイルだ。

「土をいじめると来年いじけてしまうんです、『もう許して』って。だから、疲れないよう労ってやらないと。人間もいっしょですよね」

丹精した土中から緑の穂先がぐーっと頭をもたげる様子は、惚れ惚れするほどたくましい。アスパラガスは、芽が出たとき、すでに直径が決まっている。つまり横に太らず、土の養分を吸収しながら縦にぐんぐん伸びてゆく。三〜四日で、なんと二十五センチ！

「暑い日は、ほんの数時間で二センチも伸びます。アスパラは強い。風に顔を向けて育ち、曲がっても自分でまっすぐ戻って伸びる」

驚くべき生長力。疲労回復に効果の高いアスパラギン酸をたっぷり含むことにも納得する。

日中は日射しが降り注ぎ、夜は冷えこむ江別の寒暖の差は、アスパラガスにとって大事な育て役である。ただし、刈りどきはタイミングの見きわめが肝心だ。穂先の育ち具合、太さ、長さ、今日と明日の天候の見通しを計算に入れ、長年の経験から「今だっ！」を割り出す。

朝靄が立ちこめる五月中旬、早朝六時。畑に足を運ぶと、収穫を手伝うおばさんおじさんの姿があちこちに点在している。近づいて見ると、太陽の光を浴びたアスパラガスの緑の肌がまぶしい。目を凝らすと、茎は朝露を光らせている。光って見えたのは、朝露が朝日に反射しているからなのだった。アスパラガスの畝のあいだを、手に手にカマを持って少しずつ進みながら、みんな中腰になって一本ずつ丁寧に刈り取る。ひとりひとりの後方、腰にひもを括りつけた籠がわりのソリもいっしょに後ろからついてくる。刈り取ったアスパラガスを載せたソリを引き引き、カマを片手に一往復三百メートルを七、八回するというので、思わず「大変ですねえ」と刈り取り名人のおばさんに声をかけると、「腰にくるわ〜」。でも、うからかしていると目をそらしたすきにアスパラガスが伸びてしまう、冗談ではなく、本当に。

えっ、と声が出た。おばさんが鋭いカマでスパッと根元を切った瞬間、茎の断面から表面張力いっぱい水分がみるみる湧いてくるのだ。切り離されたあとの根元は、と急いで確認すると、やはり透明な水分がぽた、ぽた。目を疑うような光景だった。つぎの一本、また一本、カマの刃が切り離した断面を確認すると、どのアスパラガスからも泉のように滴りが湧き出ている。すごい生命力だ。

慎吾さんが説明する。

「いい土のなかから短い時間ですくっと伸び、色がよく、見た目が美しいものは必ず味がいいんです」

土は、慎吾さんの右腕だ。

力を注いで育てた一本だから、発送にもこだわる。

「刈った瞬間から味は下がっていきますから」

一日の収穫量およそ百五十キロ、約百箱ぶん。作業場で一本ずつ品質を目で確認しながらS・M・L・2Lに選別し、時計の針と競争しながら箱詰め、その日の午前中に全国へ発送する。収穫直後から箱詰めはもちろん、輸送中にいたるまで絶対にアスパラガスを横置きしないのも「杉本農産」の鉄則だ。つまり、畑に生えているときとおなじ状態に保存する。横に寝かせてしまうと、穂先が縦に伸びようとして曲がり、余分なエネルギーを浪費して味を損ねる。エネルギーが強い野菜だからこそ、送り出したあとまで細心の注意を払わなければ苦労が水の泡になってしまう。

「杉本農産」のキャッチフレーズは「きのうは北海道の畑にいました」。新千歳空港に近い地の利を生かして、全国に航空便で発送する。この直販スタイルは長女・則子さんや長男・栄一さんのマーケティングのたまものだ。かつて大学時代に東京暮らしを経験したきょうだいふたりは、「スーパーや八百屋では、お父さんがつくるような新鮮な野菜は手に入らない」と身をもって知る。その経験をもとに、JAに頼る販売を止め、独自の販路を探りはじめた。

父の農業を継承する栄一さんにとって、忘れられない経験がある。大学時代に初めて家業を手伝った日のこと。


1本ずつ手で自動選別機にかける。根元をカットし、重さごとに5種類に分別。1.5kgずつ保湿性のある箱に縦詰めすると、すぐ航空便で運搬する用意に入る。

冷蔵
HOKKAIDO
北海道
グリーン
アスパラガス

「地元の市場にアスパラガスを納めたんです。ところが、翌日市場に行ってみると、売れずにそのまま放置してある。あれほど丹精こめて育てても、この売りかたでは農家は報われない。裏切られたような気持ちになり、虚しさが残りました」

いいものを作って満足しているだけでは意味がない。どう売るか、良さを伝えるか。みずからに投げかけた問いは、農家としての自分たちが立たされた岐路であり、正念場でもあった。そして平成十三年、則子さんがつてを頼ってプロのデザイナーに依頼し、水分を逃がさないラミネート加工の画期的なアスパラガス専用ボックスが生まれた。

とはいえ、順風満帆のスタートではなかった。則子さんが当時を思い出して苦笑する。

「電話回線を三本引き、パンフレットも配って準備万端ととのえたんです。初日には、注文が殺到して電話線が焼けついたらどうしよう、なんてみんなで心配しながら電話の前に座った。ところが電話がまったく鳴らない。それから半年は、一日一件の注文があるかないか。夕飯のときはお通夜みたいでした」

わざわざ買ってきたインカムまでつけて受注態勢万全なのに、出足をくじかれてがっくり。でも、それも今ではなつかしい笑い話だ。口コミの評判ほど頼りになるものはない。北海道に「杉本農産」のアスパラガスあり。評判がじわじわ広がっていった。

試練を乗り越えたのは、家族の熱い気持ちである。胸に抱く思いはそれぞれに違ったけれど、不安を率直にぶつけ合い、課題を見つけることで進む方向を見出していった。成果のひとつは明確な役割分担だ。慎吾さんが生産を牽引し、妻の正子さんが脇で支える。長男・栄一さんは全体の運営と管理、ホームページの作成。妻・千春さんは三人の子育てのかたわら電話口で注文を受けて顧客管理をしながら、ブログも担当。発送する荷に添える便りや料理の調理例などを毎回受け持つのは長女・則子さん（二〇一〇年、永眠）。則子さん直筆の「杉本農産」の季節便りは、全国の家庭と江別をつないでいた。ある年の文頭はこんなふう。

「北海道はずっと寒い冬が続いておりまして、アスパラの登場も遅れ気味で私たちも気をやきもきさせておりました。穫れ始めると、お送りできる喜びで、箱詰めする手も踊るように弾んでおります」

一家の暮らしぶりまでいきいきと伝えられ、まるで北海道に親戚を持ったような親近感がいっしょに届く。千春さんが双子を出産したときは、各地からお祝いの手編みの帽子やお菓子が届いたりもした。生産者と消費者という関係、あるいは「取り寄せ」という行為を超え、アスパラガスがひととひとを結び合う。これが、「杉本農産」の仕事のいちばんの成果なのかもしれないとさえ思う。

だから慎吾さんは、持ち前の責任感をいっそう強めている。

「つねに受注は収穫量の七～八割に心がけています。農業は自然が相手だから予測がつかない事態もある。それを見越して余裕を持っておくのも、迷惑をかけないための責任なんですよね。余力を残すのは、来年に向けて土地を育てるためにもだいじなことですから」

毎年楽しみに収穫を待ってくださるお客さんを裏切ることはできない。畑に立つ側にも、届ける相手、食べるひとの顔がしっかりと見えている。

「L級の太いアスパラガスを多くつくると収穫総量は上がりますが、ものをたくさんつくりたいわけではない。だいじなのは、やっぱり味。今年も来年も、いつもおいしいねって喜んでもらいたい」

うそのない仕事ぶりを意気に感じて、五～六月のアスパラガス、夏のとうもろこしや枝豆、秋のじゃがいも……一年を通じて、丹精こめた旬の味を受け取るのがいっそう楽しみになる。

さて、五～六月になると杉本家の食卓はアスパラガス三昧の日々だ。フライパンで焼く、醤油漬け、味噌漬け、揚げ浸し、炒めもの、ポタージュ……今日食べて、明日また食べてもやっぱりおいしいねと家族が口を揃え、わが家のアスパラガスはすごいと自信を深める。さらには、座るひまもない繁忙期を乗り切るための栄養源になってくれてもいる。生活者としての実感が、つくり手としての自信を支えているのだ。

もちろん課題は毎年尽きることがない。今年は五月の初めに低温が続いて地熱がなかなか上昇せず、土中のアスパラガスが思うように生長しなかったから出足が悪かった。ハウス栽培は一切なし、自然環境がそのまま影響する広大な畑での露地栽培だから、背負うリスクはそれだけ大きい。ありのままの新鮮さ、それは家族全員の覚悟でもある。

「農業は毎年一年生」

これが、農業四十数年のキャリアを持つ慎吾さんの座右の銘だ。アスパラガス、とうもろこし、じゃがいも、農業には正解などないから年中気が抜けない。だからこそ、やりがいがある。

「おいしいものはたくさんある。しかし、おいしさプラスなにかが必要です。農業もサービス業。人に伝わるもの、感じてもらえるもの。それが価値だと思うんです」

だから、家族でつくれる以上のものは増やさない。

百数十年をさかのぼって四代前、北海道へ渡ってきて根をおろした杉本家。一家全員が自分の仕事と定めて育てるアスパラガスは、江別に生きる家族の絆の味がする。

杉本農産

北海道江別市萌えぎ野東6-3
http://www.shunkashusai.com/index.html
問合せ(平日9時〜17時、土日祝は休み)
Tel 0120-8313-86(フリーダイヤル)
Fax 011-383-1609

アスパラガス

毎年4月2週目に受付を開始、インターネット・電話・郵便で予約、5月中旬〜下旬にクール便で発送。
送料・税込でLMサイズ1.3kg 4500円・
L/LLサイズ1.3kg 5500円
(東北〜関西の場合。地域をご確認ください)

収穫に追われる時期は、家族の食卓もアスパラ尽くし。ゆでたて、天ぷら、フライ、ポタージュ、ベーコンや肉巻き、オムレツ、醤油漬け……「初物から50日間、存分に楽しんでいます」

新潟県

長岡市「毘沙門堂本舗」

栃尾のあぶらげ

「栃尾のあぶらげ」を知ったのは十数年前、東京の小料理屋だった。品書きにわざわざ栃尾と書いてあるのでそそられ、さっそく注文して驚いた。でかい、厚い、重い。箸でひと切れつまみ上げると、焙って生醬油をかけただけなのに、みしっと重くてずり落ちる。これまで知っていた厚揚げとは比べものにならない、ただならぬ存在感だった。

油揚げではなく、あぶらげ。いまや長岡の栃尾名物として有名だけれど、ずっと気になっていた――巨大であればその名がつくのだろうか。当地には、昔ながらのあぶらげ店が何軒もあると聞く。栃尾を訪ねて、自分の目で確かめてみなければ。

そもそも栃尾にあぶらげが誕生したのは江戸時代、火伏せの神様として広く信仰される秋葉神社と深い関係がある。上杉謙信が生涯信仰した秋葉三尺坊大権現は全国から多くの参詣者を集めたが、土地の土産ものとして考案された大きなあぶらげが現在に受け継がれているという。あるいは、かつて栃尾で馬の競市が盛んに開かれていた時代、酒を酌み交わす馬喰（ばくろう）たちが豪快に手摑みで食べられるようにに大きな形になったとも。江戸天保年間から百数十年、いっときは二十を超えるあぶらげ屋が栄えたというのだが、いずれにしても、栃尾のあぶらげは土地の歴史が色濃い食べ物に違いない。子どもたちは、朝買いに走らされ、揚げたてに生醤油をぶっかけて朝ごはんに食べたという。

　いま栃尾地域には、新旧併せて十五のあぶらげ店が軒を連ねる。そのうちの一軒「毘沙門堂本舗」を最初に訪ねたのは、ひときわ熱心にあぶらげ作りに取り組んでいると聞いたからだ。あらかじめ取り寄せてみると、薄皮のなかはしっとりと厚く、大豆の持ち味があふれて栃尾名物の魅力を更新させる出来映えだった。

　堂々、縦二十一センチ×横六センチ、約二百グラム。迫力満点の「毘沙門堂本舗」のあぶらげは、一枚一枚、入念な手作業によって作られていた。店主の星知弘さんはいま四十七歳。父から引き継いだ店を、妻や弟妹、母とともに家族で営みながら試行錯誤の日々を送っている。

「油揚げをただ大きくしたような、皮の硬いものなら誰でもつくれるんです。でも、つくりたいのはきめが細かく、ふっくらとして大きくて皮の薄いジューシーなあぶらげ。僕自身、子どもの頃からずっと栃尾のあぶらげを食べて育ったので、独特のボリューム感をもっと出しながらおいしさを追求したいという気持ちが強いんです」

　ともかく素材第一、と星さんがこだわるのは豆乳の濃度だ。国産のフクユタカとカナダ産の大豆をブレンド、擦り潰してできた生呉（なまご）を煮て搾る「加熱しぼり製法」を採っている。生呉を煮たのち豆乳とおからに分けると、大豆の皮がふくむ苦み、えぐみも味に反映され、その分こくが高まるからだと説明する。大豆の浸水時間、擦り潰し具合、加える水の分量、煮る温度や時間……微妙な采配によって、糖度十七度以上の濃厚な豆乳ができる。そこへニガリを打って寄せればおいしい豆腐ができるわ

持ち重りのする分厚いきつね色、
へそのような愛嬌のある穴は手
作りの証し。揚げる作業は、集
中力と根気を要する重労働だ。

けだが、あぶらげづくりは、さらにその先がある。型から取り出して簾に並べ、油圧プレス機で圧縮をかけ、水分を抜きながら三センチ近くまで押したものを均等に切り分け、菜種油で二度揚げ……たくさんのプロセスを重ねながら、あぶらげという最終地点へ辿り着く。

「栃尾のあぶらげには、いろんな奇跡が詰まっている」

　これが、星さんの実感だ。

　揚げ方も、独特の栃尾スタイルでおこなわれる。揚げ油は、菜種油。まず低温の油の槽に生地を放つと、ぷかぷか機嫌よさそうに三十枚のあぶらげを泳がせる。弾力性の高い生地が中心まであたたまると、今度は高温の槽へ移動。すると、一気に水分が膨張してふくれ、みるみる煉瓦状態にふくれる。妻の紀代美さんが長い菜箸でくるり、くるり、上下を返しながら、まんべんなくきつね色に仕上げてゆく。頃合いになると引き上げ、左手に握ったフェンシングの剣のような串に刺して油切りする。

「串一本に十枚刺すのですが、片手で持つからすごく重い。お嫁に来てから手伝い始めましたが、最初は串に刺すだけで大仕事でした。刺す位置を間違えると、〝く〟の字に曲がってしまうんです」

　串に刺した穴から熱と蒸気が抜けるため、収縮が抑えられて萎(しぼ)まないのだという。これもまた、土地の先達の工夫なのだろう。串刺しのまま、ずらり顔を並べてぶら下がるあぶらげの豪快な風景に、栃尾の歴史とロマンが匂い立つかのようだ。

　初代の父、正弘さんがあぶらげ作りを始めたのは五十五歳のとき。高校一年だった星さんは、「父は、周囲の歴代のあぶらげ屋さんに気を遣ってひっそりと店を始めた」と記憶している。母の知恵さんが記憶をたどりながら話す。

「最初は、知弘の学校の送り迎えをするとき、ガソリン代の足しになるように、とあぶらげを買って荷台に積んで帰ってきては、近隣に一軒一軒売り歩いていたんです。そのうち奮起して独学で作り始

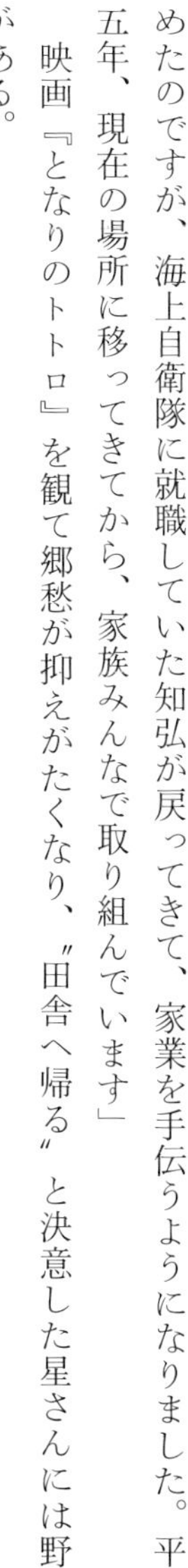

めたのですが、海上自衛隊に就職していた知弘が戻ってきて、家業を手伝うようになりました。平成五年、現在の場所に移ってきてから、家族みんなで取り組んでいます」

映画『となりのトトロ』を観て郷愁が抑えがたくなり、〝田舎へ帰る〟と決意した星さんには野望がある。

「進化したあぶらげをつくりたい」

栃尾のあぶらげが注目を集め、全国に名前が知られはじめたのは二十年ほど前からだったが、なんとなく〝何もしなくても売れる〟という風潮ができてしまった。しかし星さんは、伝承されてきた栃尾の味に磨きをかけていかなければ、いまの人気は先細りになるという恐れを抱いているのだという。

星さんの思惑は「笹団子と並ぶ地元の味を大切にしたい」。その熱心さが「毘沙門堂本舗」の人気を支えている。

写真上　常太豆腐店 栃尾新町4-15
Tel 258-52-2745
中　佐野豆腐店 栃尾旭町4-26
Tel 0258-52-3600
下　佐藤豆腐店 金町 2-3-11
Tel 0258-52-2558

ある行政関係者に、こんな話を聞いた。

「栃尾のあぶらげは、県外からの問い合わせも多く、土地の名物としてのパンチ力は大きいのです。ただ、自分たちの手の届く範囲で商売が成立しているから、みずからあぶらげの存在を発信しようという動きは特にありません。ある有名サイトの食べ物ランキングで全国十位以内に入ったほどですし、現状のままではもったいないと思っているのですが……」

ようするに、個人商店が自分の味を守ることで精一杯なのだ。星さんの言葉「いろんな奇跡が詰まった」味ではあっても、親から子へ代々手渡されてきた手間ひまのかかる製法は、ひとたび気を抜けば崩れてしまう。みな自分の味を守ることに懸命で、それ以上の余裕がなかなか持ちづらい。

かつて織物や養蚕で栄えた栃尾には、昔ながらの遺産が多く残っており、町並みの佇まいに風情を与えている。雁木もそのひとつ。冬になれば二階まで雪が降り積もる豪雪地帯のこと、通りの上部に庇状に張り巡らせた雁木は、現在にいたるまで生活歩道を確保するための重要な機能を担っている。えんえんと続く雁木の下を歩けば、あちこちで百年以上の歳月を重ねた町屋に出合うのだが、あぶらげ店ももちろん健在だ。たとえば栃尾旭町には、三代目が店を守る「佐野豆腐店」。

入り口から顔を入れると、すぐそこはあぶらげや豆腐の作業場だった。白い湯気がもうもうと立ち昇り、ここでも寸暇を惜しんで家族が働いている。かたすみで拝見すると、仕事ぶりは真剣そのもの。ニガリを打つ段階になると、中腰になって身体の位置を決めた息子の亮介さんが、緊張のおももちで櫂を動かす。豆腐の場合は、櫂をあまり回さず数度でぴたっと決めるが、あぶらげの場合は攪拌の仕方も回数も力の入れ具合も違うんですよ、と店主の佐野佐敏さんはいう。毎日揚げるあぶらげは、平均六〜七百枚。

「うちのは柔らかくて、油っこくないと言われているようです。工夫を重ねていまの形になりました

豪雪をしのぐ「雁木」が巡らされた栃尾の町中、あちこちにあぶらげの文字が躍る。栃尾のあぶらげは煮てよし、焙ってよし。左が「ぜんまいと身欠きにしんの煮物」、右は「焙りあぶらげ」。毘沙門堂本舗のお母さん、知恵さんの手製。

名物
油揚げ店
とうふ
あぶらあげ
とうふ
あぶらあげ

が、季節やその日によって微妙に仕上がりが違うので、作る過程のおもしろみがあります。あぶらげがブームになったとき、栃尾のあぶらげは厚くておいしいと言われましたが、自分としては厚さにはあまりこだわっていないんです。ある程度の厚みがあれば、なかがしっとりしているほうがいい」

揚げたてを買いに来るお客は、地元客も観光客も引きも切らず。車でやってきて、揚げたてを買って経木にのせてもらい、その場で食べていくお客もいる。私も揚げたての熱々をいただいて齧りつくと、生醤油をかけただけでぺろりと平らげてしまった。火傷寸前、とんでもなく熱いのに、どんどん食べてしまいたくなる。佐野さんの家族は、代々栃尾に根ざして生きてきた。

「よそと比較するのではなくて、ちょっと上のほうを目指してがんばろうかなという感じです」

おなじく雁木通り、馬市小路にも近い新町「常太豆腐店」は四代続く老舗である。すっきりと清潔に保たれた作業場には、使いこんだ杉のへぎ箱が重ねて置かれ、菜種油が染みた年季の入りように惚れ惚れとする。店主の大竹真さんは、東京から戻って店を引き継いで四十年。実は、「毘沙門堂本舗」の星さんが「僕の憧れの味」と呼んで私淑する名人でもある。

「あぶらげは生地で決まります。あまり厚くなくて、ポンポンしてないのがいいですね。膨らみ過ぎて身が詰まっていると味が染みにくいし、食べたとき皮が口に残るんです。季節によって豆を水に浸す時間も違いますし、なかなか難しいです」

生地を手切りする「常太豆腐店」のあぶらげには、一枚ずついろんな表情がある。小手先の見映えより、食べるほど「じわーっと染みてくる」あぶらげ。そんじょそこらの名物や土産ものではない、これは土地の語り部のような存在だと思った。

道すがら、行く先々でいろんなあぶらげを買い求めて味わってみた。日に数百枚作れば手一杯の家族経営の店から、オートメーションで万単位の枚数を生産する工場まで、いろいろ。出来不出来を言い始めればきりがないし、好みだってある。その幅の広さもまた、栃尾のあぶらげの現在なのだ。あらためて気づかされたのは、食べかたの変化が、作りかたにも影響を及ぼしているという事実。そもそも栃尾では、あぶらげは煮染めて食べられていた。根野菜や山菜と炊き合わせると、あぶらげのこくが全体に染み、こっくりと味が深くなる。煮返してうまみをたっぷりふくむと、格別のごちそうになる。焼いたり焙ったりするのは、全国区になったあと、土地の外から伝わってきた新しい食べ方なのだという。調理の方法が違ってくれば、求められる味も作りかたも変化してゆくのも食べ物の宿命だろう。

栃尾の味を熟知する地元の栃尾商工会事務局長、佐藤勝司さんの言葉が示唆に富む。

「頑固だけれど、自分の個性を守る町場のとうちゃんかあちゃんがいる。そういうところがあっていいと思います。煮ておいしいのもあるし、焼くと香りがいいのもある。それぞれに自分の個性を守ってくれるのがいい」

油揚げでもなく、厚揚げでもなく、栃尾のあぶらげ。噛みしめるほどじわっじわっ、抵抗を返してくる食べごたえは骨太でしぶとい。その筋肉質の味わいに、雪国の気候風土に鍛えられた気骨を感じる。

毘沙門堂本舗

新潟県長岡市北荷頃1121-5
Tel/Fax 0258-53-2825
営業 10時～18時　定休日 水曜
E-mail　tochio@bishamondo-honpo.com
http://bishamondo-honpo.com/

栃尾のあぶらげ（毘沙門堂本舗）

1枚　190円（店頭で直売の場合）
通販、送料込　5枚　2630円
10枚　4340円　20枚　7540円
ほかにみそ漬、
キムチ漬のあぶらげもある。

岩手県

久慈市、宮古市「三陸鉄道」

駅弁

薄いブルーの掛け紙を取ってふたを開けると、ぎっしり整列するウニ。一両編成の列車が動きだすと、待ちきれなかった。ごはんといっしょに箸ですくうと、口のなかがウニのうまみ、潮の香りで一杯になる。ウニの汁で炊き上げたごはんが口中でほわっとほどけ、これはやっぱり特別な味だなあ！　もちろん、久慈に来なければ味わえない。

三年ぶりの再会だった。岩手県三陸沿岸を走る三陸鉄道北リアス線、久慈駅構内「三陸リアス亭」で「うに弁当」と初めて出合ったのは二〇一一年秋、東日本大震災の半年後である。全国の駅弁ファンの憧れ「うに弁当」は健在だろうか。北リアス線の両起点、久慈は、宮古は大丈夫だろうか。その一念に駆られて二〇一四年、三陸を訪れたのだった。

津波によって、北リアス線は一部の駅が流出、しかし震災わずか五日後に意地の運転再開を果たし、復興のシンボルとなった。そして一四年四月、北リアス線・南リアス線ともに全線再開通。日本中が、

うに弁当　1日限定20食が瞬く間に売れる人気の駅弁。1470円はお値打ちだ。予約は前日までに。販売期間は4～10月。
三陸鉄道久慈駅構内「三陸リアス亭」
Tel 0194-52-7310

固唾を呑んでこの日を待ち望んできた。三陸の暮らしを支える列車が、海沿いを、緑の山中を力強く走る姿を目にすると、涙腺がゆるんだ。

「うに弁当」は、工藤清雄・クニエさん夫婦がつくる二十数年来の味だ。旅館業を営む家に嫁いだクニエさんは、当時だれも着目しなかったウニを使って自分の味をつくりだす。つい七、八年前まで、みずから北リアス線に乗りこんで車内販売を手がけ、通勤通学、買い物、病院通い、鉄道ファンや観光客を相手に弁当を売ると、しだいに人気が出て全国に知れ渡るようになった。震災下では翌日から一日二升の米を炊き出し、被災した人々を励まし続けた当人でもある。いち早く久慈駅内の店を再開したのは、一ヶ月後の四月十日。「線路を失ってしまっては商売も続けられない」と打ちひしがれたけれど、全国からの励ましの電話や手紙に励まされ、一念発起して「うに弁当」を復活させた。さすがはNHKドラマ「あまちゃん」に登場した「ウニ丼」のモデル、東北人の粘り強さが身上だ。いまも夫婦ふたり、一日にこれが精一杯だから、と限定二十個をつくり、今日も久慈駅構内の店に立つ。

「うに弁当」の仕込みは、身を削るような、という言葉がふさわしい。仕込みスタートは毎朝五時。ウニのつぶの大きさや形に合わせて蒸し具合を調整し、ごはんはウニの汁や身を混ぜて炊き、予約注文に備える。

「最初は地元のお客さんが手を出してくれたんです。地元では、ウニは新鮮な生が一番だと思っているから、お弁当に変身したウニが珍しかった。当時はウニも安かったし、旅館だったから人手もあって、一日百食くらい売れていました。いまのようにウニが引っ張りだこではなかったから、そのぶん熟成した質のものが獲れていたんですよ」

千円からスタートして、今の値段は千四百七十円。ウニそのものの味が変わってきたと言うけれど、地元の評判を聞くと、口のなかでほどける絶妙の蒸し加減は変わらない。ごはんをふわっと盛りつける清雄さんの技も、誰にも真似できないと定評がある。だからこそ、クニエさんは同じ「うに弁当」の名前で売り出されているほかの製品が気にかかる。

「お客さんから苦情を持ちこまれることがあるんです。わたしがつくったものじゃないと説明するのですが……ウニの使い方がわかっていないのでしょうね。わたしも恥ずかしくなることがあります」

清雄さん七十七歳、クニエさん七十五歳。店に立つのはもう少しだけ、と身体にムチ打って続けてきたのは、自分たちの味にたいする自負があるからだ。

「震災のとき、遠方から長年のお弁当のお客さまから『おかあちゃん、生きていたか』という手紙や電話が相次いだの。ありがたくて、辞めたくても〝辞めます〟とは言いかねました。以来がんばってきましたが……そろそろ限界かもしれません」

テレビの「あまちゃん」ブームが引き起こした極端な忙しさも、正直こたえた。でも、今日も清雄さんとクニエさんは「うに弁当」をこしらえている。車窓いっぱいに広がる三陸の海を眺めながら、わたしは軽やかな「うに弁当」の味を、いつにも増してゆっくり嚙みしめた。

三陸鉄道は一九八四年全線の運行開始、第三セクター鉄道の第一号である。「悲願の鉄道」とまで言われた待望の鉄道だっただけに、地元の住民との絆は深い。震災後も同じ線路を走らせて全線復旧、三陸の暮らしを支え続ける。だからこその気概というべきか、全国のローカル線で唯一、駅弁を手がけている。久慈駅構内の「うに弁当」のほか、お座敷列車やこたつ列車などの企画列車では「ウニあわび弁当」「ほたて弁当」「うに丼」、予約限定で受け付ける宮古の「海女弁当」など、三陸の味にこだわり、内外の駅弁ファンの人気を集めている。

三陸鉄道・旅客サービス部の冨手淳さんは、駅弁はローカル鉄道の存在感を印象づける大事な顔だと言う。

「震災のあとしばらく、三鉄（さんてつ）としては駅弁はまったくやっていませんでした。区間も短く、列車の本数も少ないし、長期的なイベント列車も走らせていなかった。最初に駅弁が復活したのは二〇一二年、久慈と田野畑間を走ったこたつ列車です。そこから本格的に弁当販売が回復しました。『あまちゃん』効果も相まって、一時は一ヶ月に総計五、六百。団体客を入れれば八百食に上ることもありました」

赤字続きで存続が危ぶまれることしばしばだった三陸鉄道は、盛んにアイディアを繰り出して生き延びてきた。三陸の海の幸を味わってもらおうと、お座敷列車専用の弁当をつくったのは二〇〇五年。鉄道には、駅弁をはじめ土地の食べ物が欠かせないという意識があったからだ。各駅の構内には三鉄オリジナルの味がいろいろある。〝自虐ネタ〟と苦笑を誘いつつ愛されている「赤字せんべい」や「きっと芽がでるせんべい」、三陸鉄道沿線カップ酒、サイダー、地元の地鶏を使ったカレー……ユニ

岩手県の三陸海岸沿いを運行する三陸鉄道。
北リアス線は久慈駅〜宮古駅、
南リアス線は釜石駅〜盛駅。
（車両のラッピングは当時のもの）
右下は、三陸鉄道久慈駅構内
「三陸リアス亭」の工藤清雄・クニエさん夫妻。

宮古
ワンマン
まめで ねばーこく
全納連
36-101

ークな製品の数々は、一度聞いたら忘れられないインパクトだ。冬に走らせるこたつ列車は、テーブルにみかん。車内でイカを焼いたこともあったけれど、女性客から「匂いがいや」と苦情が来て、すぐ止めた。何でもとりあえずトライしてみるのが、三鉄の流儀である。

「最初は安くて誰にでも買える幕の内弁当を企画したのですが、値段の安さだけでは何の意味もないと旅行会社さんから指摘を受けまして。ずばり直球で地元の新鮮なアワビ、ホタテ、ウニ。震災のあと一時的に獲れ高は減りましたが、また回復しつつあります」

あらためて思うのだが、駅弁はたんなるひと折の弁当ではない。土地の暮らしに根ざした味だからこそ、「あの駅弁に逢いたい」。わざわざ鉄道に乗って旅に出たいと願うのだ。ようやく駅弁を手にして箸を握るときのひそかな昂ぶりは、はるばる旅に出た者だけが味わう僥倖（ぎょうこう）。ひと折のなかに凝縮された土地の持ち味が旅愁をいや増す。

そもそも三陸鉄道沿線は、海の幸の宝庫としてかけがえがない。五月下旬、早朝六時。宮古市魚市場に足を運ぶと、あるある！　水揚げされたばかりのぴかぴかの魚介が並んで競りを待っている。セイダガレイ、ゲンゲ、アンコウ、スケトウダラ、マダラ、真マス、キチジ、マンボウ、サメ、タコ、スルメイカ、ホヤ、ホタテ貝、もちろん生ウニ（キタムラサキウニ）。この朝、取り引きされるのは三陸・山田地区産。殻から丁寧に取り出したむき身をガラス瓶に詰めた、昔ながらのスタイルだ。震災ののち一年間は水揚げがなかったが、その後はまずまず。取り引き価格もようやく震災以前に追いつき、名実ともに三陸の海にウニが戻ってきた。ただし、資源保護のためにウニ漁の回数は減っています、と言うのは、宮古漁業協同組合宮古市魚市場の大澤春輝さんだ。

「津波で打撃を受けて一年ほど休業し、二年目くらいから少しずつ獲れはじめました。宮古地区の漁協の生ウニの共販実績は、二〇一一年度はゼロ、一二年度は〇・四トン、一三年度は四トン。ちなみに震災以前の一〇年は十三トンでしたが、順調に回復しています。岩手県では他県に較べて禁漁のシステムがちゃんと稼働していて、ウニは四〜八月の水揚げ回数も決められています。アワビも十一月に三回、十二月は二回のみ。トロール漁にしても、網を広げて獲る方法は認められていません。震災後三年めで漁獲量が戻ってきたのは、節度を持った漁法と漁獲高を推進していた成果によるもので、自主規制は漁民側からの要望でもありました」

三陸海岸は過去三度、大津波に襲われた歴史を持つ。明治二十九年、昭和八年、昭和三十五年。そのたび甚大な被害を被った苦い経験が、地元の漁師たちの意識を育ててきた。

この宮古市魚市場も、津波によって大きな被害を受けた。宮古港に隣接し、約一万五千平米の敷地に建つ広大な市場だが、「あの高さまで波が来ました」。大澤春輝さんが示す壁を見上げると、その位置ゆうに八メートル。機器設備は流出し、棟内部も大破したが、懸命の復旧作業によって魚市場の業務を再開したのは早くも翌月十一日というから、ただただ頭が下がる。

「とにかく動き出すのが早かった。組合長も太っ腹で、補助金は当てにせず、〝直せるものはすぐ直せ〟。残っているトロール船を稼働させて水揚げをする。操業の合間はガレキ処理、ともかく魚を獲れ、と。魚市場が核になって流通を始めると、魚も来る、トラックも走る、包装資材も出る。そういうことによって、労働力が他に流れるのをストップする意味もありました」

宮古の人間は等身大、熱しやすく冷めやすいんですよ、と謙遜するけれど、不屈のエネルギーが、復興を推し進めた原動力に違いない。三陸鉄道のあちこち、いろんな駅弁ががんばっている姿におのずと重なって見えはじめた。

北リアス線の南端、宮古駅にほど近い割烹料理「魚元」には、駅弁ファン垂涎「いちご弁当」がある。蒸しアワビとフレーク状にしたウニをたっぷりごはんにのせた料理長のオリジナルで、まだ宮古に駅弁がなかった平成元年に考案されたもの。名前は、八戸の名物ウニとアワビの吸い物「いちご煮」にちなむ。全国で開催されるデパートの駅弁フェアでは長年手堅い人気、三陸の味を全国に喧伝するスター駅弁として活躍してきた。

ただし、なにぶん取り引き価格が高価な二大素材だけあって、ここ数年は採算が取れにくく、イクラやカニを主役にした弁当に差し代わったという。

女将の張間（はりま）重子（しげこ）さんにとって、駅弁の存在は店の看板であり、同時に仕事の励みでもある。

「駅弁の許可を取るのが大変だったんですよ。許可を持っている以上、ずっと続けていきたい。駅弁の注文が入ると、ひと折ずつ私が仕上げています」

じつは「魚元」もまた、津波の被害を受けた宮古の中心部にあって、まっさきに店を再開させた。ひっそりと異様に静まり返った闇のなか、海水が店内に流れこみながらも危うく被害を免れた「魚元」だったが、いち早く灯した灯がどんなに町を勇気づけたか、今でも地元の語り草だ。そのあと一ヶ月間にわたって、炊き出しも担った。

細々と、しかし「絶対絶やさない」と続ける駅弁が、張間さんの毎日をあと押ししている。

北リアス線に乗ってガタンゴトン、久慈から宮古まで。トンネルに入るとき、鉄橋を渡るとき、元気な警笛を「ポー」。三陸の味を乗せ、鉄道が土地の暮らしを繋いでいる。

三陸鉄道

北リアス線は久慈駅〜宮古駅、
南リアス線は釜石駅〜盛駅。
問い合せ:Tel 0193-62-8900
Fax 0193-63-2611
http://www.sanrikutetsudou.com

ほたて弁当　地元の身の大きなホタテをたっぷり載せた海の幸弁当。1200円(税込)。久慈駅発の企画列車限定または8名より注文可能。

ウニあわび弁当　贅沢な2大スターに加え、カニとイクラも楽しめる贅沢弁当。1600円(税込)。4つとも要予約、三陸鉄道へ。

海女弁当　煮つけたイカと、カニ、イクラ、錦糸玉子、ひとつひとつ手づくりしてのせる「魚元」自慢の駅弁。現在は焼きウニも入る。1300円(税込)。

かにちらし弁当　甘酢にひたしたカニの身とその汁で味付けした酢飯、イクラたっぷりの「魚元」の駅弁。1300円(税込)。

秋田県

日本短角種かづの牛

鹿角市「秋田県畜産農業協同組合鹿角支所」

ステーキを噛みしめると、歯と歯の間からじんじん味が湧いてきて、生命力を授かっている実感が充ちてくる。そんなたくましいおいしさを堪能するなら、赤身肉に限る。しかし、サシの多い牛肉が好まれる日本では、赤身肉に出会う機会はとても少ない。噛めば噛むほどおいしい肉を探して五年前に出合ったのが日本短角(たんかく)種、秋田の「かづの牛(ぎゅう)」の赤身肉である。放牧されて育つ、きゅっと締まった赤身は鉄分やミネラルが口中に溢れる武骨な力強さ。肉の醍醐味にあふれている。

日本短角種は「南部牛」と外来品種「ショートホーン種」の掛け合わせによって、明治期に生まれた。品種改良を重ねたのち、日本固有の和牛に認定されたのは昭和三十二年。現在おもに秋田、青森、岩手、北海道などで約八千頭が飼育され、全国で生産される和牛の〇・五%以下という稀少な存在だ。

かつて一大鉱山地帯だった鹿角地方では、南部牛は江戸期から塩や御用銅の運搬のための役牛として活躍した。平成四年、銘柄牛に認定されたかづの牛は頭が大きく、がっしりと四角い体軀。大地を

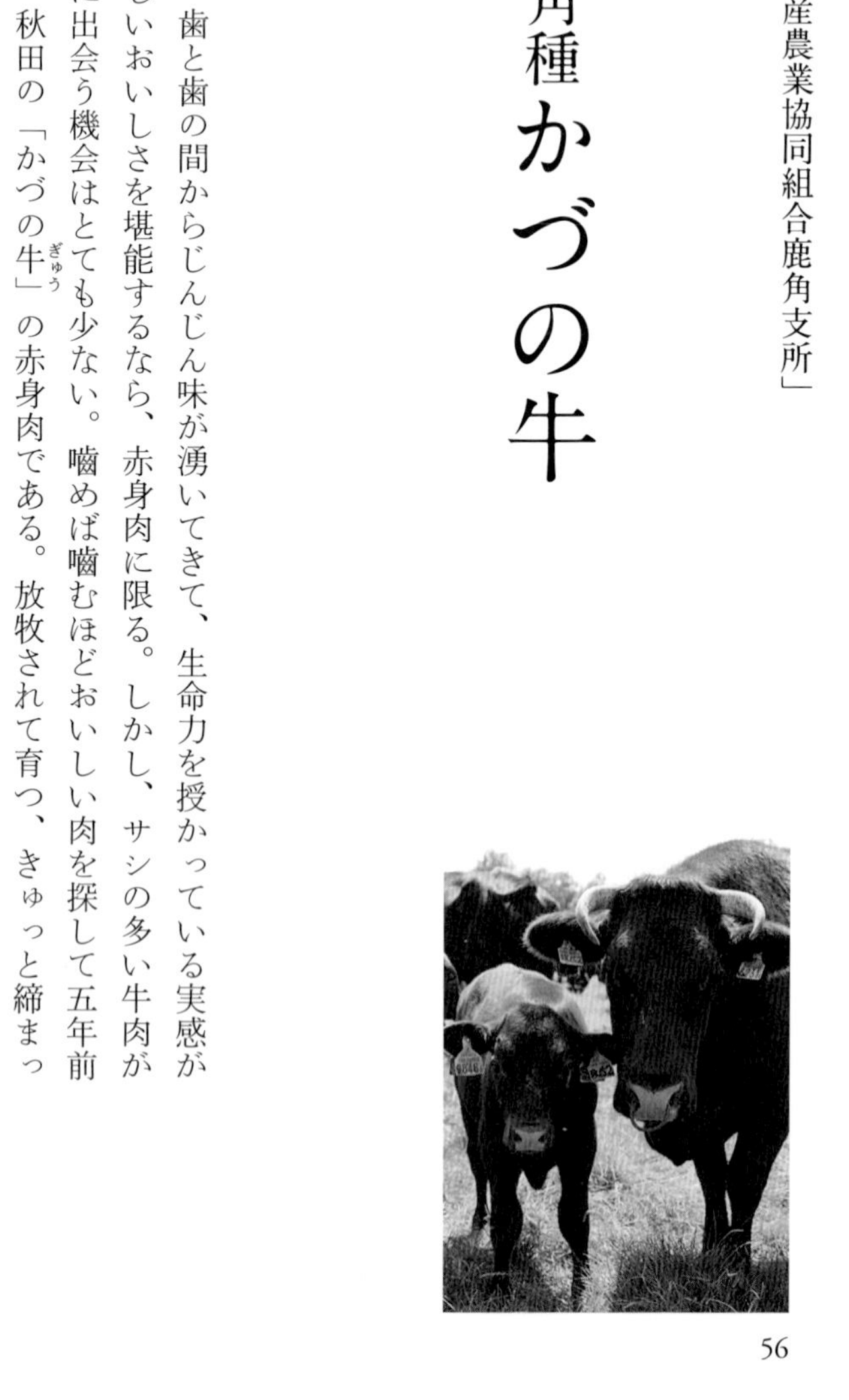

踏みしめる太い脚。赤茶色の毛並み。そばに駆け寄りたくなる魅力を感じさせる牛だ。

気温三十度を超える八月。飛行機と車を乗り継いで、十和田湖外輪山に広がる熊取平(くまとりたい)牧場に向かった。ここは秋田県畜産農業協同組合鹿角支所が集約管理する四つの公共牧野のひとつで、約四十頭が放牧されている。

「このところかなり暑いので、牛もバテ気味かもしれません」

案内してくださる畜産農協の佐藤実幸(みつゆき)さんの車の荷台に乗りこみ、目を凝らして牛たちの登場を待つ。草を求めて毎日移動する集団は、今日はどこにいるのだろう。「あ、あそこにいます」。佐藤さんが指さす方向を見ると、緑濃い夏草が繁茂する牧草地帯に赤茶色の集団がのんびり群れている。青空のもと、母牛も子牛も見るからにはつらつとして健康そう。ゆったりと広がる自然環境のなか、自由気ままに育つ牛たちの心地よさが伝わってくる。

夏山冬里(なつやまふゆさと)。五〜十月に放牧し、寒さが厳しい冬季は牛舎で飼育する方法である。短角牛は生まれてから二年後、自然交配。年に一頭、春先の三、四月頃に子牛を生む。そののち母子ともに放牧、母牛は草を食(は)み、子牛は母乳を飲んでいっしょに育つという佐藤さんの話を聞き、ほっと安堵するような気持ちを味わった。なぜなら、黒毛和牛は人工授精で出産を管理され、すぐに母子を分離、サシを入れるために濃厚飼料(穀類、油粕類など、繊維が少なく可消化栄養分の高い飼料)を与えながら屋内で育てるのが〝常識〟だから。牛の健康にはどちらが好ましいか、考えればすぐわかることだ。

「短角牛は、子牛のとき、放牧して身体づくりをすることが大事です。乳を飲み、自由に草を食べ、水を飲み、ストレスなく育つ。牧場を自由に歩くことによって筋肉が発達しますし、草をたくさん食べるのは、胃袋を大きくするうえでも大切です」

ただし、ひと口に放牧といっても、その内実はきわめて細やかだ。放牧期間中、一日も休まず専任

夏山冬里。140ヘクタールの放牧場で春から秋までの約5ヶ月、子牛は母牛の乳を飲み、牧草を食べ、健やかに育つ。自然放牧の間、監視人が群れの安全を見守っている。

の監視人が牧草地を見回って目視でチェック、全頭の体調を把握し、定期的に獣医が血液検査や健康診断を行っている。百四十ヘクタールにおよぶ放牧場には、設計した肥料を与え、適宜耕し、新しく草の種を蒔いて草地改良するなど、環境保持しながら放牧を行う。畜産農家にとっては、放牧期間中は組合に委託するため、低コストになり、夏は稲作や畑作に専念できるメリットがあるという。

ゆるやかな時間が流れる秋田山中の放牧風景。日本短角種はおだやかな性格で、母子の絆が強いといわれるだけあって、親子がなかよく寄り添いながら移動する。乳量が豊富なのも特徴で、おっぱいに吸いついていた月齢四ヶ月の子牛が離れると、口のまわりが母乳でまっ白。満腹になって、とろんと瞼を下ろして日陰で居眠りをはじめる様子を見ていると、こちらまで幸福感に包まれる。夏草をたらふく食べ、赤茶色の毛並みは磨き上げたように艶々だ。

出荷は月齢二十五、六ヶ月を迎えた頃合い、体重の目安は約七百キロ。佐藤さんが、出荷間近の牛が暮らす肥育牛舎を見せてくださる。がっちりとした体型に育った健康な牛を、さらに〝おいしい肉〟に仕上げるのは畜産者の腕のみせどころだ。「赤身肉といっても、脂のうまみも必要ですから」。

試行錯誤を繰り返して与える〝かづのスペシャル〟は、とうもろこし、大豆、大麦や小麦などの配合飼料。ほかに干し草、もろみを搾った醤油粕、ビールやウイスキーを搾ったモルト粕、りんごの搾り粕など。月齢十七、八ヶ月を過ぎると、籾（もみ）がついたままの稲わらを発酵させて与えるのも米どころ秋田ならではの創意工夫である。稲わらは、牧草とおなじ栄養価の高い飼料だ。佐藤さんは言う。

「発酵飼料のビタミン含有量が、かづの牛には大事なんです。同じ短角牛を生産する他産地では、稲は使いません。ほかの産地と差別化するためにも、米の飼料が有効だと考えてのことです」

はっとさせられた。またしても黒毛和牛の飼育方法とは逆なのだ。黒毛和牛は、霜降り肉にするために干し草など栄養価のある飼料を与えない。ビタミンを与えないことでサシを増やすわけだが、出荷前になると膝が腫れて立てなくなったり、視力障害を起こす牛までいる。口のなかでとろける柔らかい肉質は、牛の健康とは切り離された産物だということ。いっぽう、かづの牛は、昔ながらの放牧や飼料の工夫によって、食肉としての評価を上げてきた。幼いころから畜産農家を営む実家で自然に短角牛に接してきた佐藤さんにとって、牛は土地に根ざす動物であり、身内同然の存在だ。

「南部牛から短角牛を生み出し、先人たちが努力してここまできた。かづの牛を育てるのは、江戸時代からの伝統文化だと思っています」

放牧ののち約20ヶ月、ストレスのない広い牛舎でゆったり過ごす。飼料は独自に配合し、かづの牛ならではの肉づくりを目指す。

ただし、かづの牛をめぐる状況はなかなか厳しい。黒毛和牛の需要増大の波をもろにかぶり、飼養頭数が減少し続けてきたというのがその理由だ。平成二十六年度、生産から販売まで請け負う畜産農協の販売実績は六十六頭。前年を上回っているとはいえ、かづの牛が幻の牛と呼ばれるのもうなずける。その最大の原因は、黒毛和牛の取り引き値との不均衡だ。黒毛和牛の子牛の場合は平均六十一万円、短角牛は平均三十四万円。愛着はあっても、短角牛では畜産農家の生活が成り立たない。このままでは後継者が育たず、日本短角種自体の存続さえ危ぶまれる。本当のマボロシにさせてはならんと、畜産農協に入った昭和四十六年以来奮闘を続けてきたのが現在、参与を務める木村良一さんだ。

「ずっと短角牛の時代が来ると信じて、これまでやってきました。健康志向を考えれば、赤身肉はまだまだ伸びると考えていますが、いまの日本の流通機構では霜降り状態によって等級の格付けがなされている。この現状が変わらなければ、困難な生産状況は変わりません」

かづの牛が銘柄牛に認定された四年後の平成八年、畜産農協がじかに精肉販売も手がけ始めた。「和牛地方特定品種」として国の補助金が下り、PR活動にも盛んに努めたけれど、意外なところに伏兵は潜んでいた。地元での反応が芳しくなかったのである。なぜなら、そもそも肉といえば馬肉や鶏肉を指し、牛肉を食べる習慣が薄い。畜産農家の木村さんの実家にしても、短角牛は出荷のためのもので、食用ではなかった。そして、生産量が少ないぶん、小売り値段は安くない。まず地元消費から足固めを、という目算が崩れた。そのつまずきは、いまも尾を引いているという。じっさい、地元の精肉店をのぞいてみると、老舗「細谷精肉店」では、ショーケースにかづの牛と馬肉が隣合わせに並んでいるのだが、値段の高いかづの牛にとって競争はきびしい。しかし、ここで諦めるわけにはいかない。木村さんには、短角牛に惚れこむだけの理由がある。

「短角牛は草を食べて育つ。いっぽう黒毛の濃厚飼料は、人間が食べるのとおなじ農耕作物です。つ

サーロインステーキ。ナイフを入れるとしっとりした赤身が視覚に飛び込んでくる。噛みしめると肉汁と旨味が湧き出す。牧草で育った牛だけのもつ香ばしさ。調理は「びすとろあむーる」橋本崇シェフ。

まり、人間と共存共栄できるのは短角牛以外にないんです。低カロリー、高たんぱく、健康的。子どもにとっても、柔らかいものを飲み込むのではなく、よく嚙むことによって思考能力も育つ……でもね、いまに短角の時代が来ると言われてずっと信じてやってきたけれども、さっぱりこねえなあ（笑）」

国民の健康面のことも考えて、どう生産農家を育てていくか、国には政策的に考えてもらわないとね、と話す木村さんの悩みは尽きない。このところの「肉ブーム」も相まって、東京あたりから赤身肉を注文するお客（まさに私のような）が増えている。しかし、いますぐブームに火がついても、ぎゃくに困るというジレンマがある。去年の販売実績は六十六頭、圧倒的な品薄状態である。やれマボロシだ、稀少価値が高すぎるとあれこれいわれるけれど、そこは仕方がない。しかし、TPP問題も射程に入れれば、土地に根ざす独自の生産スタイルはきっと効を奏するときが来ると信じるほかない。鹿角市では、国・県とともに三年間に三億円を投資して短角牛を増やし、牛舎も増設して懸命に生産を後押ししている真っ最中だ。

短角牛は、育てるひとも食べるひとも虜にする魅力がある。一度味わえば、その存在感が味覚に沁みこむ。ヨーロッパで体験したシンプルなステーキも、この味だった。アミノ酸がたっぷり含まれ、脂肪燃焼効果のあるL‐カルニチンの含有量もずば抜けていることにも納得する。

味に説得力があるから、地元の料理人たちも応援を惜しまない。「平和軒」三代目店主の駒木洋武（ひろたけ）さんは、味の濃厚なウデ肉の部分を串焼きにして、豪胆なうまみをシンプルに押し出す。畜産農協の佐藤さんに意見を求めながら試作しているのは、内臓の肺を生かした料理。アヒージョ、カレー、煮込みなどオリジナルな発想で工夫を凝らす。試食させてもらうと、肺をころころに切ってにんにくやオリーブオイルと合わせたアヒージョは、ワインにもぴったりのおつな味だ。

レアに仕上げて赤身肉の個性を直球で伝えるのは、「創作厨房びすとろあむーる」のシェフ、橋本崇さん。脂肪分が少ないため、火加減によって肉がパサつきがちなところは赤身肉の欠点でもあるけれど、いっぽう、鉄分の濃い味わいに一度でやみつきになるお客もいるという。

「予備知識がないまま食べると、硬いとか甘みがないと仰る方もいます。ただ、短角牛と黒毛和牛は別ものだということ。料理する側にとって、短角牛はけっして簡単な素材ではありませんが、赤身肉とサシの入っている肉を比較すること自体がおかしい。肉の個性を食べ分けていただけたら、と思って料理しています」

畜産農協が営む直営の販売所「かづの牛工房」で精肉作業を担当する富谷秀之さんも、筋肉である赤身には水分が多く、鉄分が多いので空気に触れると色が変わりやすい、などの特徴を挙げる。肉それぞれに長所も短所もあるのは、当然の話である。

「短角はなにかと大変なんだす」

そう言いながら、短角牛を語るときの木村さんの目はとても優しい。

「自然のなかで育つから子育てが上手で、黒毛の三倍、乳量がある。放牧すると、黒毛の子牛はどんどん痩せていくのに、短角牛は丸々と肥るんです。それは、草を食べて自然の環境のなかでのびのび育つから。足腰が丈夫になって、短角牛は内臓も丈夫なんだすよ」

かつて銅や塩を力強く運んで鹿角のひとびとを助けた牛だもの、きっとかづの牛の時代はやって来る。かつて鹿角にあった尾去沢鉱山は金や銅を産出し、南部地方の一大産業となって経済を潤したが、日本短角牛は荷役牛として重要な役割を果たした。また、青森の野辺地、岩手の野田との交易路「銅の道」「塩の道」も、日本短角牛の活躍なくしては成立しなかった。

いま組合では繁殖牛百三十三頭・肥育牛百四十七頭を飼育中だ。じわじわと粘り強く飼育頭数を増やし、まず年間百五十頭の出荷を目指す。

秋田県畜産農業協同組合
鹿角支所

〒018-5201
秋田県鹿角市花輪字菩提野1-2
Tel 0186-25-3311
Fax 0186-25-3312

かづの牛

かづの牛工房
かづの牛を専門に取扱う。
販売は毎週金曜日。あらかじめ注文いただいた場合は、
できるだけ希望に応じる。
http://www.ink.or.jp/~ktk/6-2kazunogyu.html
地方発送あり

北海道

帯広市「六花亭」

マルセイバターサンド

すごいお菓子があったものだ。マルセイバターサンド、一個百二十五円。

二枚のビスケットにレーズン入りバタークリームをはさんだ、北海道の味。帯広「六花亭」が昭和五十二年に発売して以来、北の大地でおやつの代名詞となった。観光客にとっても、北海道土産といえば、やっぱりこれ。とくに目立つ広告をするわけでもなく、店舗にしても北海道以外にはない。なのに、最も多い日の売り上げは約六十万個、ひとつのお菓子だけで年間販売額約七十五億円というから、やっぱりすごい。名実ともに堂々たる日本のロングセラーである。

一度食べたら忘れられない。しかも、思いだしたら無性に食べたくなる味なのだ。ビスケットは「さくっ」と「ほろっ」の中間をゆく絶妙の歯ごたえ。そこにからむホワイトチョコレート入りの濃厚なバタークリーム、ラム酒風味のレーズン、どこにも似た味がない。しかも長く食べてきて実感するのは、つねに以前よりおいしくなっていると感じられることだ。

包みを開けると、鼻をくすぐるバターの香り。コーヒーにも日本茶にも合う帯広発「日本のお菓子」だ。

帯広で生まれた味はいかにして名作となりしか。マルセイバターサンドを筆頭に、いくつもの名作を生み育て、愛され続ける「六花亭」の背景が知りたい。

その理由のひとつは、「マルセイ」のカタカナ四文字にも発見できる。包装紙の意匠に、マルで囲んだ「成」の字、その左右に「バタ」。古風でちょっと風変わりなデザインは、じつは帯広の地域文化とダイレクトにつながっている。これは、明治十六年、十勝に入植した開拓の父、依田勉三率いる「晩成社」で製造していたバターのラベルからとったもの。過酷な開拓時代を生き抜いた「晩成社」の活動に帯広の原点を見出し、自社のお菓子に「マルセイ」の名前を冠した。それは、酪農と農業の地に育ったわが町から離れないという「六花亭」の宣言でもある。

帯広のひとが「六花亭」の名前を口にするとき、とても誇らしげな顔をする。

「子どものころ、『六花亭』で親におやつをねだるのがうれしくてね」

東京に暮らす知人の五十代の男性はそう教えてくれ、目を細めた。帯広に住んでいる二十代の女性は、「六花亭」の名前を聞くと破顔一笑し、こう話してくれた。

「帯広の子どもたちは、買い物のついでに『六花亭』で当たり前のようにおやつを買ってもらうんです。そして、よその土地に出てはじめて『六花亭』のお菓子のおいしさ、安さに気がついて、びっくりするんですよ」

押しも押されもせぬ、帯広のソウルフードである。

おいしくて、安くて、すこやか。新鮮ないちごをのせたショートケーキの値段はいまどき二百四十円。どら焼き、饅頭、ケーキやチョコレートなど二百種以上、店頭のショーケースを眺めると、徹底して「ふだんのおやつ」であろうとする「六花亭」の思想を感じる。あくまでも家庭の延長線上にある味だから、おいしくて安いのはとうぜんと考え、もちろん添加物は使わない。「マルセイバターサンド」にしても、売り上げもずば抜けてはいても、特別扱いの名物にしないところが「六花亭」らしい。

ふだんのおやつ。耳慣れた言葉だけに、ただのお題目になりがちな言葉である。そこを、時代によって変化する嗜好や流行の変化を踏まえ、「ふだん」という日常性をどう捉えて親身なお菓子として表現するか。そのために大事にする素材の品質とオリジナルな製法がきっとあるはずだ。

中札内村にある「マルセイバターサンド」の一貫工場を訪ねると、いきなり「六花亭」の核心を目撃することになった。バターサンドの工程のいちばん最初、ビスケットの生地づくりの場面。素材は独自の風味を出すために精選した小麦粉、十勝産バター、卵、砂糖、アーモンドの粉を機械で混ぜて生地に仕立ててひと晩寝かせるのだが、驚いたことに、生地を扱うのは素手。「六花亭」の工場内は衛生が厳守され、すみずみまで徹底して清潔だが、肝心な場面では手袋を使わないという。

「気温や湿度、素材の状態など諸条件によって生地の出来は微妙に変わります。それを見逃さないためには、人間の手でなければ品質のよさは保てません。うちではずっとこのやり方です」

入社四十年、工場長を経て現在、六花亭社長を務める佐藤哲也さんが言う。

「機械に合わせるのではなく、手を使って作るうちのやり方に合う機械を選んで導入しています。お菓子づくりは熱いし、重いし、重労働ですが、あくまで主眼にしているのは手の感触です」

つぎの工程の場面でも、手仕事は遵守されていた。生地を寝かせた翌日、十一キロもの生地をこねて「揉む」作業も、体力のある若手が手でおこなう。ラム酒、砂糖で煮たレーズン、バタークリームをヘラで合わせるのも、手。そのあと、クリームをビスケットではさむのは機械。要所要所で自分の経験値を働かせ、関わる者が自分の判断を下す。パイ生地を棒に巻きつけるのも、空気を含ませてはらりと焼き上げるために、やっぱり手。ダックワーズの生地を一個ずつ手絞りするのは、表面の景色に風合いを出すため。逆に考えれば、人間の手に高い精度が要求されているということだ。

三つの工場それぞれ、それぞれの場面でおこなわれる手仕事を見るにつけ、しだいに「六花亭」の核心が浮かび上がってきた。近代的な製造機械が揃っていても、それらはあくまでもひとを手助けする脇役なのだ。「六花亭」が目指す「ふだんのおやつ」づくりは、工場で働く八百人ひとりびとりの手仕事に任せられているという事実。さらには、タイムカードもなく、売り上げ目標もないと聞き、また驚く。「六花亭」のお菓子の袋を開けるとき、いつも感じてきた親身ですこやかな空気、それは菓子づくりを自分の仕事として励む気配なのかもしれない。

どこにも嘘がない味。量産しながらも、なぜこのようなお菓子づくりが実現できるのだろう。

「先代の父が、稀な存在だったからだと思います」

二代目社長を務めたのち、現在「六花亭食文化研究所」所長を務める小田豊さんに訊くと、まず

(左頁右上)ビスケットにもクリームにもマルセイバターサンド専用のバターがたっぷり使われる。(右下)ラムレーズンとバタークリームを合わせる。(左上)ひと晩寝かせた生地を揉み、均す。このあと成型してオーブンへ。(左下)焼きたての熱さをものともせず、ビスケットを容器に移す。

最初に返ってきた言葉がこれだった。小田さんは昭和二十二年生まれ。慶応大学卒業後、京都の老舗菓子舗に三年勤めたのち、帯広に戻って以来ずっと「六花亭」を率いてきた。

「おやじは、終生かけてお菓子のことばかり考えて生きてきました。だからこそ、その姿勢を継いでふくらませることができているのだと思います」

創業昭和八年、「六花亭」の歩みには、家業に打ち込んできた小田家の家族の人生が重なっている。父、豊四郎は大正五年生まれ。十八のとき菓子店「札幌千秋庵」に入り、ほどなく叔父から「帯広千秋庵」を任され、戦時の物資統制下で苦労を重ねながら菓子づくりに道をもとめて歩いてきた。ずば抜けた才覚を世に知らしめるのは昭和二十七年、帯広市市制施行二十年祝賀の記念品を委任されたとき新たに生み出した最中「ひとつ鍋」である。

開墾のはじめは豚とひとつ鍋　依田勉三
鍋と蓋を合わせた独創的なかたちの最中のなかに、あずきあんとお餅を入れた「ひとつ鍋」はたちまち帯広市民を魅了した。そののち、バター煎餅「郭公の里」、わらづと入り甘納豆「らんらん納豆」、和菓子からの飛躍を試みたチーズサブレ「リッチランド」、マドレーヌ「大平原」……着々と銘菓を生み出す。地域性を感じさせながら余韻をもつネーミングの妙にも、豊四郎の非凡なアイディアがうかがえる。昭和四十三年、視察先のヨーロッパでチョコレートに可能性を見出し、当時画期的だったホワイトチョコレートを製品化したことにも先見の明があった。時代に先駆けて近代的な製造機械を導入し、と同時に手づくりにこだわる父の背中を息子の豊さんは見て育ってきた。昭和五十二年、あらたに社名を「六花亭」としてスタートを切ったとき、満を持して世に問うた菓子が「マルセイバターサンド」。帯広の歴史と文化をこめた「ひとつ鍋」から四半世紀を過ぎてなお、帯広の土地から離れず「マルセイ」の名前を採択した。

お菓子を見る、働いているひとを見る──これが「六花亭」という企業のかなめのようである。組織でありながら、「六花亭」では管理職を置かない。工場にも店舗にも、売り上げ目標額やノルマがない。マニュアルをつくらない。にもかかわらず安くて、おいしくて、清潔感のあるあたたかな接客。同業他社も仰ぎ見る、年間総売り上げ高二百億円。小田豊さんにあらためて訊きたくなる。

いったいどうやったら、こんな魔法のような「すごい味」が実現できるのですか。

「勤勉集団だからです。これだけの値段で、これだけの品質のものをつくろうと思ったら勤勉じゃないとできない。とはいえ、ただ働くだけではなくて、ちゃんと応えてくれる、見てくれている会社であるということ。会社と社員との信頼関係に尽きると思っています」

じつは、「六花亭」には昭和六十二年から続くユニークな制度がある。それが「1人1日1情報」。朝八時までに全社員千三百人が、社長宛にメールを送る。ほんの数行でも、長くても、内容は本人しだい。社長は午前中三時間かけて目を通して選び、自身も一日一話を書いて印刷、全社員に日刊紙「六輪」が発行される。つまり社長と従業員はガラス張りの関係で、顧客のちいさな要望も職場の現状もすべてがストレートに伝わっている。

書くのも読むのも大変なんです、と笑いながら入社十二年目の販売スタッフ、長谷川美奈さんが言う。

「毎日『六輪』を読んでいると、函館や札幌のお店ではこんな接客をしているんだな、いま工場ではこんなふうに取り組んでいるんだな、じかに把握できるんです。お互いのレベルを高めて、いいところを共有し合って自分が成長する手段になっているので、読んだり書いたりしなければすごく不安になるんですよね」

読む、書く、発言する。要求されているのは業務報告ではなく、「考えて表現する行為」。それは、ものづくりに関わるひとにとっての尊厳でもあるだろう。「食文化研究所」所長として社長を退いても、豊さんは千三百人の顔と名前をすべて覚えているという。じっさい、工場や社屋を訪ねると、すれ違いざま、誰もが「こんにちは」「いらっしゃいませ」、明るい声がほんとうに気持ちいい。

この社風が確立したのはここ二十年です、と前置きして、豊さんは「六花亭」の精神をこう語った。

「謙虚においしいお菓子をつくること。そのためには、社員みんなが健康でなくては。だから、今もいちばんうれしいのは『六花亭』のお菓子は健康な味だね、という言葉をいただくときです」

先代、豊四郎を生涯支えたのは「お菓子は文化のバロメーター」という言葉だったという。その言葉をさらにふくらませ、次代の「六花亭」の味は、働くひと、食べるひと、ひとの心身の健康を育む役目を担おうとしている。創刊五十周年を超えた児童詩の雑誌『サイロ』、カシワの原生林に建設した中札内美術村、小田豊四郎記念基金による活動も土地の文化を守ろうとするメッセージだ。

「マルセイバターサンド」の実直誠実な味は、だから、いっときの夢心地に誘いこむのだろう。店に来れば、またここに来たい、味わいたいと思わせてくれる。このすこやかな幸福感こそ、ひとがお菓子を楽しむ意味だと「六花亭」のマルセイバターサンドの味が語りかけてくる。

六花亭

本店　北海道帯広市西2条南9丁目6
Tel 0120-12-6666
営業　9:00〜19:00　無休
喫茶室　10:30〜18:00
(直営店は北海道を中心に19店舗)

マルセイバターサンド

5個入り　650円　10個入り　1300円
16個入り　2080円など。
そのほか「十勝日誌」など詰め合わせ、チョコレート各種。
直営店のほか北海道展などの催事または
オンラインショップで販売。
https://www.rokkatei-eshop.com/

またここに来たいと思わせる「六花亭」の気持ちのよい接客。右下はこの地の歴史を色濃く伝える詰め合わせ、「十勝日誌」。左下は美術村の施設を結ぶ枕木の遊歩道。

芝麻布飯倉「五代目 野田岩」

鰻蒲焼き

鰻のことを思うと、せつない。土用の丑の日ともなると、小さいころからずっと馴染んできた習慣だから、やっぱり鰻が恋しくなる。ああ日本人なんだなあとしみじみするのだが――。

鰻の漁獲量が激減している。二〇一三年二月、環境省はニホンウナギを絶滅危惧種に指定し、国際自然保護連合（IUCN）が絶滅危惧種としてレッドリストへの掲載を検討するなか、国際取り引きが規制される可能性もおおいにある。日本国内に出回っている鰻のほとんどはニホンウナギで、その大半を輸入に頼っている現状では鰻の蒲焼きはますます高嶺の花になる一方だ。水産庁によると、ニホンウナギの漁獲量はこの半世紀のあいだに九割相当が減少、養殖に使われる稚魚のシラスウナギにしても、一九六〇年代には百～二百トン前後あったが、二〇一〇年はわずか六トン。以降回復の兆しは見られず、品薄と価格高騰に拍車がかかるばかりだ。

そもそも鰻は生態が解明されておらず、人工孵化技術も確立されていない。エルニーニョや地震を

はじめ地球環境の変化、河川の人工堰や護岸による環境破壊などさまざまな要因が絡んで激減を招いたといわれるが、やはり主要因は乱獲である。七〇年代、台湾が牽引した鰻の養殖ブームが鰻の輸入をむやみに拡大させ、そのあおりを受けた過剰供給が鰻にたいする価値観を変えてしまった。それがシラスウナギの価格暴落を引き起こしたと指摘する声もある。いずれにせよ、結局は日本人が無自覚に食べ尽くしたと非難されれば、言い逃れはできない。しかし、鰻を愛する気持ちが世界中のどこより強いのも日本人なのだ。

　そんななか、揺るぎのない仕事ぶりで連日満員の客を集める店がある。東京・麻布飯倉「五代目野田岩」。江戸寛政期創業、約二百年の歴史を持つ老舗である。

　五代目を引き継ぐ主人は金本兼次郎さん、昭和三年生まれ。名人の誉れ高かった四代目の父のもとで、十三歳から修業を積んできた。いま八十代になっても毎朝四時半に板場に立って鰻を裂き、熾った炭のまえで団扇を使いながら鰻を焼く。

「五代目　野田岩」には、ひとつの伝説がある。創業以来、東京湾をはじめ利根川流域や霞ヶ浦の天然鰻を使い続けてきたが、天然の下り鰻の減少によって入荷がきびしくなった昭和三十五〜四十八年の十三年間、冬場に休業してまで天然ものの味を守った時代がある。門戸をみずから広げて養殖ものを併用しはじめたのは、そののちのことだ。昭和三十二年に五代目を継いだ金本さんは、言う。

「あの困難な時代を経験しているからこそ、先の見えない現状の厳しさも持ち堪えられる」

　品質と値段を守るために、鰻問屋を通さず、全国の産地に目配りしながら直接取り引きをしてきた。

「なんといっても鰻は庶民の食べものですから、庶民が食べられなくなったら意味がありません」

　だから、今年も値段を上げず、意地でも仕事の質を維持する。「わざわざいらしてくださるお客さまのために」と、ひたすら謙虚な仕事ぶりには頭が下がる思いがする。

こんな言葉がある。

「串打ち三年　裂き三年　焼き一生」

鰻の蒲焼きがいかに高度な技術を要求するものか、板場の様子を垣間見るとあらためて痛感させられる。

ほの暗い早朝四時半。いつもの白衣をはおった金本さんが一番乗りで板場に現れ、その足で定位置のまな板に向かう。右手に包丁、いましがた生け簀から選んできたばかりの活け鰻を左手でつかむ。エネルギーを迸らせ、さかんに身をくねらせる鰻を手慣れた手つきで右に寝かせ、とんっ、とすばやく目打ち。研ぎこんだ包丁の切っ先を当てると、背側をすーっと開き、腹の皮一枚を繋げたまま裂いて開く。すかさず肝を取り、平たく当てた包丁の刃の角度を保ちながら骨をはずし、尾びれ、背びれを切り除く……よどみも無駄もない一連の動きは、それこそ目にも止まらぬ速さ。二分足らずで三尾を裂く技は、十三歳から七十年以上、日々腕を磨き上げてきた金本さんの財産である。

「むかし増上寺の正門の前に、歌舞伎の六代目菊五郎さんのお屋敷があったんです。わたしの親父が気に入られて、遊びに来いというので、いっしょに行ったことがあります。そのとき菊五郎さんがおっしゃったんです。『俺は天ぷらも揚げられるし、投網も打てる。でも鰻だけは裂けない』。なにしろ動いているものを裂くのですから、鰻が裂ければ一生食うに困らない。それくらい特別な技術です」

金本さんの包丁にかかるとき、きっと鰻は自分が裂かれているとわかっていない。

「一回一回神経を集中します。鮮度を落とさないよう、少しでも早く、少しでもきれいに。できるだけ力を抜いて、自分の身体、とくに腰を同時に回すようにすると包丁が安定するんです。鰻の骨に合わせて包丁も動いてゆく。鰻というのは奥が深いですね」

なんだかゴルフのスイングに似ていますね、と言うと、にこっと笑って、

目打ちから背開き、2枚におろして骨やひれをはずす。火がまんべんなく通るよう身は平らに、同時に寄せながら串を打つ。13歳の頃から70年以上磨いてきた店主、金本さんの至芸。

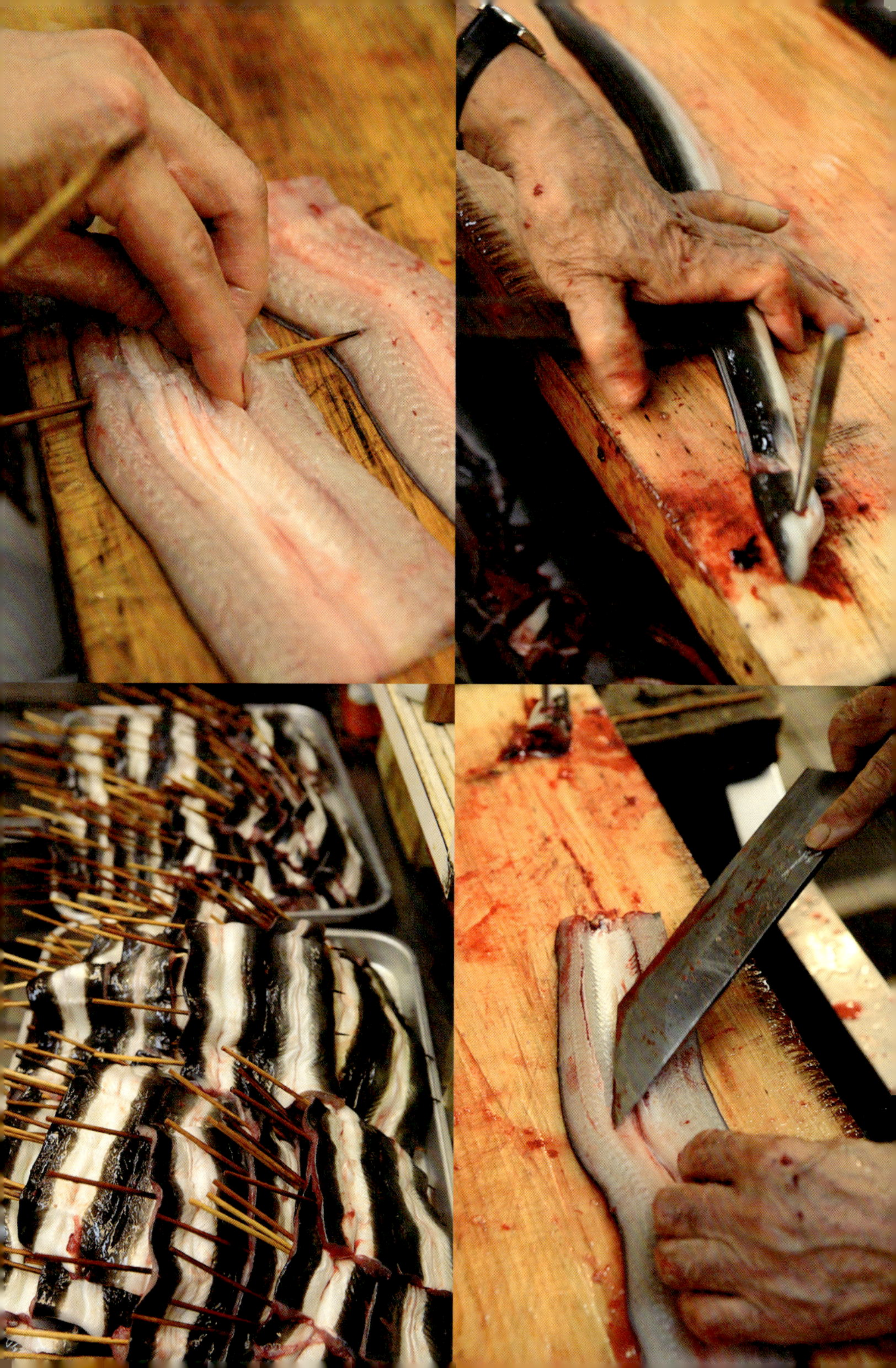

「まったく同じですよ。鰻もゴルフも軌道がぴしっと合っていると、すり抜け方が違う」

手と包丁の動きをコントロールする技術こそ、鰻を裂く要諦だという。鰻の選別眼にもおみそれする。天然、養殖。太っているの、細いの、長いの、短いの。身が厚いもの、骨が細いもの。金本さんは、一尾ずつ異なる個体差をひと目で判断するのだが、なにしろ生き馬の目を抜く鰻業界、それができなくては問屋との直接取り引きはとてもできない。

つぎにおこなう串打ちは、裂いた身を縦二枚に連ね、串を打って一枚にする工程だ。火がまんべんなく通るよう、身を平らに均（なら）しながら身のあいだに一定間隔で串を入れてゆく、このとき、焼き上がりの美しさも計算に入れて串を打つのが、プロの仕事だという。主人を先頭に、職人たちが黙々と串を打ち、着々とバットに重なると、まるで筏のよう。身の表面は光の粒子をちりばめたみたいにきらきら光っている。

午前六時半。炭火に火がつけられ、板場はみるみる温度が急上昇してゆく。臨戦態勢がととのうと、つぎの仕事は素焼きだ。

「素焼きは勝負のしどころです」

金本さんの持論であり、「五代目　野田岩」の仕事の見せ場だ。脂のつよい鰻は、どのように脂を扱うか、考え方ひとつで味の方向性が左右される。

「最初に身のほうから焼くのは、皮のすぐ下にある脂を焼いて香ばしさに変えるためです。つまり、身と皮とのあいだにある脂まで完全に火が通っているかどうか」

いわば、脂との戦い。

「はい。いかにして脂を巧く抑えるか、食べやすくするか。食べたあと、もたれないか。蒸すだけで脂を落とそうとしても、生臭くなってだめなんです。たれをつけて濃い味をつけても、もちろんだめ。


「串打ち3年 裂き3年 焼き一生」。蒲焼きのおいしさを左右する素焼きは年季の入った職人が受け持つ。素焼きした鰻を串ごと蒸籠に並べ、ふっくら柔らかく蒸す。

鰻本来のうまみを生かすのは、じつは素焼きの技術なんですよ」

主人手ずから仕上げた香ばしい素焼きを味わわせてもらうと、すでに鰻の魅力が花開いていることに驚かされた。皮が焦げる一歩手前、果敢に焼き切る攻めの姿勢がみてとれる。素焼きしたのち、串ごと蒸籠に入れて一時間ほど蒸すのは、関東式の製法である。じっくり脂を落とし、ふっくら柔らかな風合いに仕上げてゆく。

「天然もの、ことに東京湾で獲れた質のいい鰻は、火を当てるほど脂がじわじわ溶けて、ほんとうに上品な味わいです。また、おなじ天然であっても、匂いひとつ脂の出方ひとつでこれは利根川、こっちは岡山、すぐ見分けがつきます」

金本さんの味覚中枢に、鰻が精妙緻密に根を下ろしている。

「ほんとうに質のいい鰻は、良質のバターを鍋に落としたときの香りがします。ごくたまに東京湾の沖から来る鰻には、それに近い香りのするものがあります」

バターの香り！　その鮮烈で自由な表現に舌を巻いた。夜明けから朝七時過ぎまで三時間近くぶっ続けで鰻を裂き、いったん階上の自宅へ戻って朝食をとるのは朝八時。そののちひと休憩するのが、当代きっての鰻名人の習慣である。

生け簀を見せてもらうと、天然と養殖の違いは一目瞭然だ。天然ものは、全体に緑色が強く、むっちりとした躰つき。いっぽう養殖ものは青黒く、細め。春から夏にかけては香り豊かで脂が乗っており、秋から冬はあっさりとした風味になるという。微妙に変化する特徴を生かしたり、カバーしたりしながら、最終的に「野田岩」の味に仕上げてゆくところに老舗の真骨頂がある。

開店直前、午前十一時前。いよいよ焼きの仕事がはじまった。ふたたび板場に姿を現した金本さんが、若い職人たちと肩を並べて炭火の前に立つ。片手に握っているのは使い馴れた団扇。かんかんに

たれにくぐらせ、手早く返しながら焼く。火力を弱めないよう、余分なたれを切るにも技術がいる。蒲焼きが出来上がるまでに、この工程を4回繰り返す。

熾った火鉢は、近づいただけで皮膚がじりじりと焼け、たちまち玉の汗が滴る（したた）ほどの熱さ。そこへ団扇が動いて巧みに風を送りこむのだが、脂が滴ると、白煙がぼっと上がって煙が目に染みる。

「団扇で扇ぐときは、強すぎず弱すぎず、万遍なく風を送ります。たれの扱い方も大切なんです。うちでは、素焼きした鰻をたれに四回浸けながら焼くのですが、火鉢の脇が汚れてくると、たれがちゃんと切れていない証拠。火力が弱いといつまでも焼くことになってしまい、今度は辛くなっちゃう。ただし、最後のほうは、火力は弱めにもっていきます。つねに炭火をベストの状態に保つ方法を自分で考えながら焼かなくちゃなりません」

脂の乗り具合、身の厚み、大きさ、鰻によって微妙に違うからひと串ずつ気が抜けない。金本さんは、鰻を焼く仕事をこんなふうに表現した。

「鰻を焼くのがとても楽しいんです。ひと串ずつぜんぶ違うから、時間を忘れて夢中になります」

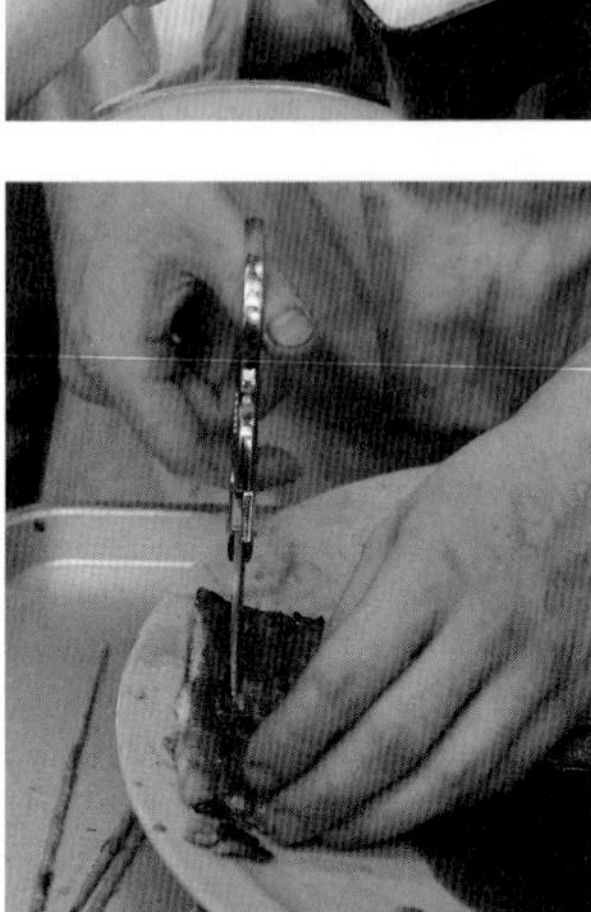

火の前に立つ職人の声「ごはんお願いします」を合図に、盛りつけが始まる。阿吽の呼吸の連携プレーも野田岩の味。

どの世界でも、名職人と讃えられるひとたちがこぞって口にする言葉である。何十年おなじ仕事に向かい続けていても「楽しくて夢中になる」。その「楽しさ」の源流は、自分の仕事にたいする探究心、分析力、あるいは精神力。飽くことのない好奇心を持ちつづけることもまた、大きな才能に違いない。

若い職人たちのきびきびとしたチームワークにも、目を見張るものがある。開店時間を迎えると、夏場はあっというまに満席になる。注文を確認する声、注文をさばく板場にいきなり緊張が張り詰めるのだが、全員の動きには阿吽の呼吸がある。注文を確認する声、焼き上がった鰻を尺皿に移す動き、串からはずす手つき、それぞれの仕事が粛々と進む光景は、舞台裏でありながら、ひとつの完成された舞台である。火の前に立つ職人から「ごはんお願いします」と声がかかると、べつの職人が漆のお重にごはんを盛りこむ。

「ふわっと平らに均して盛るのが大切なんです。こうすると、鰻をのせたときされいだから」

素手でそうっと鰻をのせ、ふたをかぶせると、まるで化粧をほどこすように布巾で重箱全体を拭き上げて「五代目　野田岩」の鰻重が完成する。そこへ、仲居さんの声が響く。

「ただいまお待ち四十六名様です！」

「はい！」

いっせいに声が上がり、板場はいっそうの結束力を高めてゆく。

ところで、蒲焼きを支える鰻は三つの業界によって成立している。シラスウナギを獲る「川漁師」、育てる「養鰻業」、売り買いする「問屋」。鰻にはとくに禁漁期はなく、成長した鰻が来れば獲れ始め、漁がはじまる。稚魚も成魚も激減するばかりの現在、どんな対策が行われているのか知りたくて、利根川流域で鰻を長年扱う「問屋」に、匿名を条件に取材を試みた。

「県によって対応はさまざまです。たとえば茨城県と千葉県でも違います。原発事故の影響でセシウムが検出されて以降、利根川水系でいえば、千葉県では鰻の出荷を自粛しています。でも茨城県側は、河口堰より下流なら出荷していい。同じ鰻が茨城県と千葉県の間を行ったりきたりしてても、県によって対応が違うということ。たとえば宮崎県では、二〇一二年から下り鰻の捕獲をきびしく制限し、十〜十二月の三ヶ月間、二十五センチ以上の親鰻を獲ってはいけない。水産庁が全体を見て指導していますが、国として全漁禁止というわけではありません。産卵に向かう下り鰻に関する一定時期の『捕獲禁止』です」

しかし、稚魚のシラスウナギの激減で、国内産の成鰻の相場は上がるばかりだ。「問屋」はそれぞれ、四国や九州など全国の養鰻業者から情報収集してどうにか凌いでいるきびしい状況です、と内実を語ってくれた。ニホンウナギ以外の異種ウナギをシラスウナギから養殖する研究も行われはじめ、そのあいだにニホンウナギの復活を期待する動きもあるという。しかし、先行きはいまだ不透明だ。また、あちこちに取材するなかで、「『鰻がない』『稚魚がない』というけれど、あるところにはちゃんとある」という話も耳にはさむ。出荷をコントロールして価格高騰を煽っている業者の存在があるというのだ。いぜん生態が謎に包まれている鰻は、扱う人間まで闇のなかに引きずりこんでしまうのだろうか。

鰻のおいしさは、じつに深い。ふっくらと焼けた鰻は、圧倒的な力で味覚を掌握する。柔らかな身、まったりと舌にからみつく脂、香ばしい皮。晴れの日のご馳走にふさわしい祝祭感を盛り立てる。

さあ「五代目　野田岩」の鰻重が運ばれてきた。漆のお重のふたを開けると、香ばしい香りがどっと鼻腔になだれこみ、箸を握ったら、一気呵成、言葉も忘れて鰻に没入する。

確かな仕事をほどこした鰻は舌の上でふうわりと崩れ、充足感を掻きたてる。鰻の蒲焼きのおいしさは世界にひとつ、似た味がない。鰻をたいせつに思えば思うほど、感激の余韻は広がるばかりだ。

五代目 野田岩

東京都港区東麻布1-5-4
Tel 03-3583-7852　Fax 03-3583-5515
http://www.nodaiwa.co.jp/
営業 11時〜13時30分　17時〜20時
（終了時間は、最終入店時間です）
定休:日曜日、夏季休暇／年末年始／7、8月の土用の丑の日

鰻重

菊　2900円　梅　3300円
萩　3800円　山吹　4400円
桂　5400円
ほかに鰻丼、蒲焼、志ら焼、
コース、鍋物なども。

ほどよい大きさの鰻を1尾半使い、ごはんが
見えないほどみっちり覆われた鰻重「山吹」。
きも吸い、香の物つき。

青森県

津軽・外ヶ浜町「ヤマキ木浪海産」

いわしの焼き干し

かもめが舞う平舘(たいらだて)海峡をはさんだ向こう側、振り下ろしたマサカリの刃の切っ先が黒く霞んで見える。下北半島だ。私が立っているここは津軽半島の東、陸奥(むつ)湾沿いの平舘村(現・外ヶ浜町)。このちいさな漁村で、日本でただひとつの味がつくられている。

いわしの焼き干しだ。津軽では、だしといえばこれ。煮干しでもなく、かつおぶしでもなく、香ばしく焼いて干したカタクチイワシ、あるいはマイワシ。煮たり蒸したりせず、炭火で焼いて脂を抜き、臭みや苦み、雑味を取ってつくるのだが、地元のひとは「煮干しの三倍、だしがとれる」。味噌汁、煮もの、いわしの焼き干しは津軽半島の味の要(かなめ)。ここ平舘に伝わっているつくりかたは、活きのよいものを一尾ずつ手で頭を取り、はらわたを除き、軽く干して串に刺し、さらに炭火で炙ったのち、乾かして仕上げる。効率という言葉などどこかに置き忘れた手間ひまのかかりようである。

青森に、こんなユニークなだし文化が残っていたことを知らなかった。驚きと興奮を抱えながら、

いわし漁たけなわの初冬、しばれる津軽半島の突端にたどり着いた。

早朝六時。陸奥湾に出ていた船が二隻、三隻、朝もやのなか浜に帰ってくる。あわただしく降ろしはじめた荷のなかに、銀色の鱗（うろこ）もまぶしいぴちぴちのいわしがどっさり。日本海を北上し、津軽海峡の潮の流れに乗って陸奥湾へ入りこんできた一群だ。その魚影を建網（定置網）で待ちうけ、毎夜明け、網おこしに出かけるのが、明治期からつづいてきた平舘の漁法である。例年九月ごろから漁がはじまって十二月までが旬。そのうち、脂の乗る以前の九〜十月ごろのものが最高品質とされる。

船からいわしが揚がったら、時間勝負だ。いわしは時間を置くと身が柔らかくなり、あっというまに鮮度が落ちる。目と鼻の先の作業場で、いまかいまかと待ち構えるベテランの浜のお母さんたち。平台のうえにどさっといわしの山ができると、それっと周囲を取り囲む。

速い、速い！　いわしを指でつかんで頭をぴゅっと取り、その勢いを駆ってはらわたも出す。コキッと鳴る骨の音は鮮度がいい証拠。おがくずをいわしにまぶすのは、自然に鱗を取るためだ。砂や米ぬか、灰汁（あく）を使った時代もあったけれど、いつのまにか現在のおがくずに落ち着いた。大きさを選り分けながら、身を温めないよう電光石火の早業で処理したいわしは、量が溜まるたび、竹かごに入れて水のなかで振り洗い。鱗は取っても、皮が剝がれないように洗うのもだいじな勘どころだ。仕上がりの焼き色をきれいに光らせてくれるのが、銀の皮なのだから。中指ほどの小さないわしだが、一尾ずつに目と手をかけ、お母さんたちは気を抜かない。

午前中の浜を歩くと、あちこちでおなじ光景が展開中だ。女性陣は手拭いをきゅっと結んで頰かぶり、無駄口を叩かず、みな一心に手を動かして浜の仕事に集中している。洗い終えたいわしは簀のうえに散らして並べ、風の吹き具合、お日さまのご機嫌に合わせながら二時間ほど天日干し。おこぼれをねだって寄ってくる猫。かもめの声。冬の訪れの近い平舘の風物詩である。

昼になると、今度はいっせいに串刺しの作業がはじまる。天日で軽く干されて身の締まったいわしを一尾ずつ、長年使いこんだ専用の長い竹串にきっちり詰めて刺すのだが、これまた速い。

「頭はきちんと揃えるの。ここがでこぼこでは、売れねべ」

いわしの腹にぴたっと串の尖端を当て、ぷすり。一発で位置を定め、串にどんどん刺してゆく。ひい、ふう、みい……数えてみると、ひと串に二十五尾。頭の位置もきれいに揃った、みごとな大行列だ。これを炭火で焼く。

昭和九年生まれ、祖父の代から平舘で漁をおこない、いま地元で焼き干しの加工業を営む木浪（きなみ）新五郎さんが言う。

「揚がった魚を焼いて乾かすのは、昔からこのあたりの漁師の保存の知恵だったんです。風味もよくなるということを経験的に知っていたんだね」

身に温度が伝わらないよう素早く処理しながら、同時に大きさや脂の乗り具合を見定めている。

木浪さんが加工業をはじめたのは、昭和五十年。若いころはニシン漁に出たり捕鯨船に乗ったこともあった。昭和二十九年にいち早く取った運転免許を生かし、東京に出て運送業も経験した。四十年代には自家用四トン車で、ホヤの運搬を請負って北海道を八年ほど走り回ったりもした。

人生の荒波をかいくぐってきた北国の男は、平舘のいわしの焼き干しを見続けてきた。

「昭和二十年代はいわしの大漁が続いたけどね、三十年代に入ったとたん不漁になった。三十三年にマイワシが来なくなって、四十年代まではカタクチとウルメイワシでなんとかしのいだんです。結局二十年間、マイワシがほとんど獲れなかった。でも昔から『大漁と不漁は十五年間くらいの周期で来る』と言い伝えられてきたからね、いずれかならず戻ってくる、と。だから、昭和三十年ごろからこのあたりの漁師は出稼ぎに出ていました」

いわしは生活の糧、平舘の漁師の命綱なのだった。浜で立ち話をしたベテラン漁師も言っていた。

「わしら、昭和三十年代半ばくらいまでいわしに頼る生活をしとった。でも、ずっとそういうわけにはいかんかった」

細々と、いわしの焼き干しは命脈を保ち続けてきた。午後になると、浜のあちこちで煙が立ちのぼり、潮風に乗って香ばしい匂いが漂う。焼きはじめる時間も、ほぼ同じ。何軒かに出入りして焼くようすを見せていただくと、焼きかたから並べかたまで、じつに細やかな手技が共通していることに気づく。長方形の焼き台には砂を敷き詰め、赤く熾った炭を一列に置く。ぱちぱちと火の勢いがついたタイミングを見計らい、炭の両側にずらり、距離をはかりながら串刺しのいわしを配置するのだが、串の角度はかならず斜め。先頭のいわしから落ちる脂が、串をつたって下のいわしに垂れないための工夫なのだ。裏表を返すのは二度ほど。焼き過ぎは御法度だが、しっかり火を通さなければ、だしを取ったときにうまみが出ない。ちょうどいい焼きぐあいを保つために、ときどき指の先で腹のあたり

(右頁)頭とわたを取ったいわしを寒風にさらしたのち、串刺しに。中指より細いいわしの腹から背へ、太目の竹串を打つ。一連の伝統的な技を見せてくれた「入〆」の木浪昭男さん。

(下)銀色のカタクチイワシがぎっしり。頭がないぶん頼りなく見えるが、なかなかどうしてたっぷりだしがとれる。ヤマキ木浪海産の焼き干しはすぐ売り切れる極上品。

を軽く押す。
ぽた、ぽた、ぽた。いわしの腹から脂が滴り落ちると、作業場が香ばしい香りに包まれてゆく。ぱちっと音がちいさく弾けて臨場感いっぱい、入りぐちでは猫が鼻をくんくん、もうたまりませんと鳴いている。

網元「入〆（いりしめ）」を訪ねると、もう四十年焼き干しを手掛けているという親方の木浪昭男さんが真剣な表情で教えてくれた。

「火からはずす目安は、ほれここ。串の入っているまんなかの部分の色だ」

いわしの脂分と水分を落としながら数十分火を入れ、焼き上がったら頭のほうを下にして箱に引っかけ、粗熱を取る。早朝にいわしが揚がってからわずか半日、一軒の漁師の家では、夕暮れまでに約二百キロを焼き上げていた。加工専門の「ヤマキ木浪海産」では、低温乾燥室と遠赤外線を駆使し、十人がかりで四百〜六百キロをさばく。

「いくら新鮮なうちに冷凍しても、解凍するときに鮮度が落ちるから出来上がりも上等にはならない。焼き干しに使ういわしは獲れたて、脂気がなく、大きすぎず小さからず。これに限ります」

焼き干しの品質にとって、どこで獲れるか、漁場も重要な要素である。木浪さんは、親潮・黒潮に乗ってくる脂の乗った身が柔らかいいわしは焼き干しには適さないという。だから、対馬暖流に乗って北上し、津軽海峡を横切って太平洋へ流れ、その一部が陸奥湾に入ってきたものを最上とする。いわしの焼き干しは、つまり、日本列島をめぐる潮流と青森の地形が生みだした食文化というわけだ。

ただ、地元では、このところ頭の痛い事態が重なっている。近年いわしの獲れ高が減り、そのぶん焼き干しの値段も上げざるを得なくなった。この秋、ある日のマイワシ（小）の入札値は一キロ四千三百五十円、カタクチイワシ（小）は三千八百二十円。加工に手間ひまがかかるうえ、焼いたのち、さらに乾燥させるから時間も設備もかかる。ふんだんに使う炭の値段にしても、ばかにならない。上物の焼き干しの売値は五百グラム三千円あたり。ずいぶんな高級品である。

「焼き干しの相場は、かつおぶしの値段の八割というのがいいところなのに、昔の値段の倍に跳ね上がってしまいました」

漁師にも、守らなくてはならない自分の生活がある。陸奥の漁師の多くは、秋から正月はいわし、春から夏はホタテの養殖を手掛ける。しかし、近年の夏は海水温が異常に上昇して陸奥湾の西側の稚貝がほとんど全滅、青森ぜんたいの来年のホタテの養殖の見込みは明るくなかった。それでも、いわしが揚がるかぎり、平舘の人は百年つづいてきた焼き干しを浜で黙々とつくり続ける。

いわしの焼き干しでとっただしはふわっとやわらか、透明感がある。口にふくむと、味わいの芯のあたりに確かなうまみの柱が立っており、しっかりとした満足感がある。さすがは食の宝庫、津軽人が手放さないだけのことはある。

りんご、米、シャモ、山菜、きのこ、にんじん、にんにく、大豆もやし。魚はまぐろ、タラ、マス……平舘に伝わるいわしの焼き干しが、豊饒の青森の食文化に分け入る扉に思われた。

ヤマキ木浪海産
青森県東津軽郡外ヶ浜町平舘磯山25
Tel 0174-25-2649
Fax 0174-25-2425
いわし焼き干しは通年販売。

いわし焼き干し
箱入り300g 2000円
500g 3000円
（直販の場合）

秋田県

男鹿半島「諸井醸造」

しょっつる

二〇〇九年十一月。日本海の荒波がしぶく男鹿（おが）半島に、イタリア南部チェターラの漁村からイタリア人がやってきた。市長、シェフ、コラトゥーラの生産者、サレルノ県副知事ほか総勢九人を招いて開催されたのは「男鹿・イタリア魚醤フォーラム２００９」。県内外百五十人を集め、会場は熱く盛り上がった。〝あんな遠い国とおらがたの町はおなじだった！〟

コラトゥーラはカタクチイワシからつくるイタリアの魚醤で、ローマ時代の魚醤「ガルム」の流れを汲む。二十数年前にアマルフィ海岸沿いで復活、いまや特産品に育った調味料である。かたやしょっつるは、秋田県央、日本海へぴょんと飛び出た男鹿半島でつくられる魚醤。風前の灯火だったしょっつる文化が廃れる寸前、ようやく復活を遂げたいわくつきである。つまり、いったん途切れかけたのち蘇った存在としても、コラトゥーラとしょっつるは兄弟だ。

男鹿の味を失くしちゃならね。むかしの味を失ったら、未来はない——熱い思いを抱いて男鹿の男

秋田の民家で魚と塩を木桶に漬け込むしょっつるを造りはじめたのは約300年前。その伝統を受け継ぎ、進化させた。右は3年物。左は10年以上長期熟成した年間500本限定の「十年熟仙」。

たちが走りはじめたのは、二十数年前のことだった。その背景には、じつは秋田のハタハタ復活劇がある。そもそも冬の秋田ではハタハタは貴重なたんぱく源で、正月の膳にはハタハタ寿し（飯寿司（いずし））、小正月「なまはげ」の行事でも、なまはげにふるまう膳にはハタハタの切り寿司が欠かせない。土地にぴたりと密着したハタハタだが、いったん危機に追いこまれている。

ハタハタは「鰰」と書く。十二月に入ってわずか十日間ほど、冬の雷鳴とともに、ハタハタの大群は男鹿半島沿岸に出現する。漁師たちは競い合いながら厳寒の日本海に小船を漕ぎだして短期決戦に挑み、海の贈りものを生活の糧にしてきた。獲れ高が最高潮だった昭和三、四十年代には毎年一〜二万トン、山盛りの木箱を取り引きしたほどの無尽蔵ぶり。五十年代はじめは、臨時観光列車「ハタハタ列車」まで出たというから、ハタハタは祭りのようなにぎわいをもたらす存在だった。しかし、資源にはとうぜん限りがある。乱獲がたたって漁獲高は年々減少、平成に入るとわずか七十トンまで落ちこんで一尾千円もする超高級魚に変貌してしまった。未曾有の事態を受け、ついに漁協は動いた。平成四年から三年間、自主的にハタハタを禁漁にして保護、歯を食いしばって耐えようという大英断だ。資源を守った甲斐あって、ハタハタはふたたび男鹿半島に戻ってきた。現在は三千トンを越えるまでに復活を果たしている。そして平成二十年、ハタハタの価値を忘れまいという誓いをこめ、漁がたけなわを迎える十二月六日を男鹿の「ハタハタの日」に制定した。「ハタハタの日」の実現に向けて奔走した中心人物が、男鹿温泉「雄山閣」社長の山本次夫さん（七十七歳）。

「豊漁のころは毎日のおかずは朝昼晩、ハタハタ。煮るか焼くか、じょっぷがした（嫌気がさした）くらいでした。でも不思議なもので、おとなになったらあんなうまいもんはない、切りズシ、田楽、味噌煮、塩ふり焼、ハタハタがない食卓は考えられない、とこうなる」

ひば、ハタハタをだいじにしねばやじゃね。北浦漁港に揚がるハタハタは、腹にぶりこ（卵）をたっぷり抱くのでとりわけおいしい、と県下の評判もとびきりだ。ハタハタを愛するあまり、山本さんはハタハタサンバの唄まで作詞。もちろんプロの振り付けつき。そして、ハタハタを食べるなら、煮つけにも鍋にも、しょっつるがなくてははじまらない。

「ただの醬油じゃだめだ。しょっつるの味があってこそハタハタは、んめ（うまい）」

男鹿のしょっつるは、約三百年前、秋田の民家で魚と塩を木桶に漬けこんでつくられはじめた。能登のいしる、香川のいかなご醬油と並ぶ日本の三大魚醬のひとつで、そもそも家庭の味である。使う魚はハタハタ、あるいはイワシ、マアジ、コウナゴを使うときもある。材料は魚と塩だけ。どっさり樽や瓶に漬けこんで二、三年またぐうち、しだいに熟れて発酵する。その上澄み液を漉したものを「塩汁＝しょっつる」と呼び、愛用してきた。醬油より手軽につくれるし、安くてうまい。どこの家にも小屋の片隅にしょっつる用の瓶があり、ぷーんと臭いを放つ。それが海沿いの暮らしの風景、男鹿の生活の一部だった。

しかし、しょっつるはしだいに敬遠されてゆく。日本の家庭から、味噌を仕込む、漬け物を漬ける、さまざまな伝統が痩せ細っていったと同じように。しかし、流れに身を委ねてしまえば、男鹿は男鹿でなくなる。そんな危機感に苛まれて発奮したのが、諸井醸造の諸井秀樹さん（五十八歳）だ。

「商売としての生産も激減してしまい、これでは秋田でしょっつるをつくるひとはいなくなる。とうぜん魚醬の文化も途絶えてゆく。そんな恐怖感に突き動かされたのが昭和五十八年ごろです」

それから十年もしないうちにハタハタが禁漁になり、土地の文化をあらためて見直す気運も高まっていった。醬油や味噌づくりを手がける家に育ち、東京農大で醸造を学んだのち男鹿にもどって家業を引き継いだ諸井さんにとって、幼いころからなじんだしょっつるにたいして使命感を持ったのは自然のなりゆきだった。ただし、最初は失敗の連続だった。

「当時は、麺つゆみたいにいろいろ材料を混ぜて調整してつくるのが主流でしたから、わたしもついそのアタマになって、はじめは醤油みたいに麹をくわえてつくったんです。でも、味も香りも違う。そのうち大変な間違いだったと気づきました。むかしながらのやりかたに戻らなければ、しょっつる本来のおいしさにはならない」

諸井さんは、日本魚醤文化研究会代表の杉山秀樹さんほか、ハタハタやしょっつるの研究者たちと情報交換し合いながら試行錯誤を繰り返した。原料はまろやかな風味と香りに仕上がるハタハタと決め、あとは天日塩だけ。道具は、醤油の仕込みに使う杉樽。しょっつるのおいしさも自分の舌が知っている。条件は揃っていた。

イタリアで生まれたスローフード運動にも、諸井さんたちはおおいに触発された。土地の気候風土と食べものには密着した関係があること。まず自分が暮らす土地の食文化を見直し、その価値を認識

ハタハタがやってくる師走のひと月、漁港は目が回るほど活気づく。子持ちの一夜干しに始まって、自家製の飯寿司、酢漬など秋田の人々はハタハタを楽しむ術を知り尽くしている。下の写真2点は秋田市民市場にて。

しょっつる鍋には、ほの甘くつゆの含みのいい茄子が定番。調理は「男鹿グランドホテル」相場峰雄・料理長。

すること。試行錯誤を重ねるうち、イタリアのアマルフィにむかしながらの魚醤コラトゥーラを復活させた漁村があると知ったことにも、がぜん勇気づけられた。おれたちにも、きっとやれる。

　男鹿は、じつは世界とつながっている。平成十六年、イタリアの世界スローフード大会に出席した諸井さんは、ハタハタとしょっつるの存在を知らしめる。タイのナンプラー、ベトナムのニョクマム、フィリピンのパティス……アジア各地を回りながら魚醤文化の見聞もふかめ、自分の進むべき道を摑んでいった。

「各国のひとたちと話していると、日本の魚醤は今後どうなるの、と不安になってしまいます。じつは、日本国内に輸入されている魚醤はものすごい量なんです。ラーメンのスープ、焼き肉のたれ、スナック菓子や煎餅の味つけ、狂牛病の問題で肉骨粉が使えなくなって以来、タイやベトナムの魚醤が重要な調味料になっている。なのに、国内では魚醤は廃れかけている状況はおかしいと思いました」

　しょっつるの現在は、日本の食のありようの断面図でもある。そう気づいてから、さらに諸井さんの腹は据わった。ハタハタの不漁で値段が高騰したときは、魚体が小さいもの、ふりかすと呼ばれるぶりこのないもの、仕入れの工夫を凝らして手配するようになった。「どうせ道楽だろう」。冷ややかな目で見られたこともあったが、それでも退かなかったのは、自分自身への挑戦でもあったからだ。

「海に囲まれた男鹿に生まれ育ったのに、醸造所として海のものを相手にしていない。そこに微妙な違和感を持ちつづけてきました」

　男鹿のシンボル、ハタハタ。江戸期からつくられてきたしょっつる。諸井さんのなかで、地元の気候風土、歴史、文化、自分の仕事の方向性が同一線上で重なった。臭みのない、思い描いた通りのまろやかなしょっつるがようやく完成したとき、平成十二年になっていた。

　雪の降りしきる日、大雪を踏んで諸井醸造のしょっつる蔵に入った。しいんと静まりかえって、ここには時間が堆積している。直径二メートル十センチ、高さ二メートル、総量六千リットル、整然とならぶ一号樽から八号樽まで、ひとつの蔵に仕込み樽が八つ。初代から受け継いだ杉樽、ホウロウ製の樽が肩を並べている。樽の脇に記された年を確認すると、「2001年」。年季の入った十年ものがあった。

十年めを迎えた樽の表面を覆う厚いビニールカバーを取ると、奇っ怪なコールタール状の皮膜があらわれた。見ただけではまったくわからないが、樽の内部は三層に分かれている。底部に沈殿しているのは、時間とともに内臓や身、骨が分解された残渣（ざんさ）。真ん中の層はしょっつるの原液。空気に直接触れている上部は脂が上がって層をなしたもので、中心の層の原液を覆って空気から遮断する役割を果たす。そこへ木の櫂を差し入れ、全体を静かに攪拌して均等にし、定期的に分解をうながす。塩分濃度は、試行錯誤のうえ落ち着いた三〇%。三年の歳月を味方にして静かに熟成を見守る。

(上)ハタハタに天日塩をまぶし、ひと月半ほど樽に漬け込んだもの。(中)仕込み樽に入れ重石をし、ときどき櫂棒でかき回して空気を入れる。(下)仕込みから3年め。中層の濃厚な原液をタンクに移し、漉し布で濾過すると、琥珀色に澄んだしょっつるが抽出される。

諸井さんが、中心の層に差し入れてある細い管のコックをひねった。濾過なし、火入れなし、純朴な液体がちょろちょろと流れ出て、勢いよくひしゃくに溜まってゆく。なめらかに光る琥珀色の液体。近づいて匂いを嗅ぐと、凝縮力をともなった、ふわあと柔らかな芳しい香り。タイのナンプラーと比較すると、とても穏やか。指につけて舐めてみると、引きのあるうまみが跳ねて躍った。

諸井さんは、しょっつると取り組みながら、伝統文化の価値を訴えつづけている。去年は、秋田で「世界魚醤フォーラム」も実現させた。

「伝えていくためには、やはり残さないと。つくるひとを増やしていくために、地元のおかあさんたちにつくり方を教えていて、いま百軒ほどの家庭でしょっつるづくりに励んでいます」

八年前、チェターラ市長は「いろんな料理に生かす工夫を広めていってほしい」と地元に課題をあたえて帰っていった。その言葉を受け止めた男鹿の料理人たちはおいしいしょっつる料理を出そうと奮起、居酒屋でもホテルでも、果敢にしょっつる料理に取りくんで少しずつ成果は実っている。加熱したしょっつるは、うまみがぐんとふくらむところも調味料として頼もしい。

ほんとうにおいしいもの、底ぢからのあるものには確かな吸引力がある。でも、と諸井さんは自省する――伝統的なものの価値を知っていながら、日本ではついつい時流に足をすくわれてしまいがちなんですよね。

しょっつるは、今後日本人がどう生きてゆくか、示唆に富むたくさんの問いかけを含んでいるからこそ、むしろあたらしい。

諸井醸造
創業87年
〒010-0511　男鹿市船川港船川字化世沢176
Tel 0185-24-3597
Fax 0185-23-3161
営業　平日8:00～17:00
http://www.shottsuru.jp/

しょっつる
130g　756円
「十年熟仙」200ml　3240円

10年目の樽。時間とともに分解が
進み、上層に魚の脂、中層に液体、
下層に残渣が分かれて層をなす。

石川県

能登・穴水町「森川仁右ヱ門商店」

くちこ

説明のつかない摩訶不思議な味。理屈を超えて、魔界へ持っていかれる。光る小石のような清冽を舌にのせ、こりこりとなまこを嚙むと、淡味の底から、ほろ苦いような甘いような複雑精妙な味わいが湧きでて我を忘れてしまう。なまこはつくづく妙なやつ。なにを考えているのか、いないのか。珍奇な体軀をどてっと投げだして怠慢を貪っているふうに見えるけれど、超然として原初の時間を生きている存在にも映る。こんな奇妙な棘皮（きょくひ）動物を最初に食べようと思ったのはいったい誰なんだ。

しかも、なまこの味の世界はひとつではない。くちこ、このわた、どちらもなまこからつくられる稀少な味。くちこは、なまこの卵巣（真子）と精巣（白子）を乾燥させたもの。このわたは腸の塩辛。〝珍味〟とひとくくりに呼ぶのはもったいない〝珍奇な味〟だ。とはいえ、つくり手次第で味のよしあしは天と地ほども違う。なにしろ魔界に棲む相手だもの、そんじょそこらの知恵では立ちゆかない。

そこで百戦錬磨のなまこ名人の登場だ。能登・穴水町で江戸期から五代にわたってくちこ、このわたづくりを手掛ける森川仁久郎さん。数年まえ森川さんの味を初めて体験したときの感動は忘れられない。潮の香をまとう濃厚なうまみ。異次元の味覚世界の領域に足を踏み入れた昂奮に酔った。

なまこのおいしさが最も高まる厳寒、穴水を訪ねてくちこづくりを拝見したいと連絡を取ると、こんな返事をいただいた。

「二月の終わり、春の直前にいらっしゃい。ぜひ見せたい技があるから」

またぶるりときた。

そもそもなまこは『古事記』や『延喜式』にも登場しており、鮑やフカヒレとともに俵物三品として珍重されてきた。日本人にとって、古来からなまこは縁起のよい、ありがたい存在である。なまこの名産地として知られる穴水町のなかでも、森川さんの在所、中居で獲れるなまこは加賀前田家の殿様への献上品として扱われた。享保年間より前田家本家の料理人を務めた舟木（ふなき）伝内包早（でんないかねはや）の著作にも、お墨付きが記されている。いわく「能州中井上品ナリ」。

約束の二月の終わりごろ、約束通り穴水町を訪ねると、狭く入り組んだ湾いっぱいに日本海がきらきら光っている。いよいよ森川さんの秘技に出会えるのかと思うと、光の乱舞が、海底に潜むなまこの誘いに見えてしまう。

「重いですよお」

日の出直前、早朝六時。すくい上げたなまこの重みで棹が折れそうなほど、網がどっぷり膨らんでいる。満身の力で生け簀からすくい上げ、海水を満たした杉桶へ移しているのは妻の康子さんだ。

「冷たくて重い仕事が〝なまこ屋〟の朝の始まりです。なまこ屋の長男に生まれたのが運の尽き」

そう言って森川さんは笑うのだが、幼いころから馴れ親しんできたなまこの話を始めたら、もう止まらない。

「穴水湾の水深二十メートルあたりの岩場や藻場で育つなまこは、はらわたがたっぷり入って質がいい。なまこ漁は、一艘の船で藻場と泥の境を引く底引きです。漁師が獲った生後三、四年のなまこをすぐ仕入れ、海水とおなじ状況の生け簀に放って二日間砂を吐かせる。旬は一月、二月。ことしは年明けからずっと休みなしだったよ」

だんだん口調に熱がこもってくる。

「漁期は十一月から三月。春が近づいて海があたたかくなると、味が変わってしまう。ちょうど昨日、春一番が吹いてね、あたたかくなりかけたこの時期が、わたしの腕の見せどころ」

屋内の作業場に直径約一メートル半の杉桶がでーんとふたつ。ぎっしり身を寄せ合う大小の青なまこ、黒なまこ、赤なまこ、ぬめぬめ二百キロ。つくづく奇っ怪な光景である。

「穴水の青なまこはイボが四列、赤なまこは六列、黒なまこはイボが少ない。育った海域が違うと、イボの大きさも変わります。生で食べるには、柔らかくておいしい赤なまこ。でも、このわたの質がいいのは青なまこ、黒なまこははらわたが少ないね」

何十年もなまことつき合っていると、かわいいよぉ。言いながら、森川さんが目を細める。色、かたち、大きさ、すべて違う。ぬぼーっとして正体がないのに、森川さんの話を聞いていると、だんだんなまこの表情が見えてくるのはなぜかしら。

「おはようございまーす」

七時半きっかり、手拭いを姉さまかぶりにした近所のベテランおばあちゃん三人がやってきた。杉桶を囲んで康子さんも腰を下ろし、小刀を握ってさっそく仕事のはじまりだ。

「午前中はいつも切腹作業です」

くちこ、別名ばちこ。この土地の仕上げ方が
三味線のバチに似ていることから、こう呼ば
れる。大ぶりで厚みのある極上品は１枚
5000円以上する高級珍味。

右手に小刀、左手になまこ。瞬時に腹を突いてこのわたに使う腸、くちこに使う卵巣や精巣のあるなしを確認し、あれば掻き出してバットに選別するのが「切腹作業」である。

「全部のなまこが当たりとは限らないの。腹になにもないなまこが多いくらい。育った海域、食べた餌、成熟具合……理由はいろいろです。じっさいに切ってみないと全然わからない」

休みなく手を動かしながら、康子さんが教えてくれる。なまこには雌雄はあるが、外見ではわからない。背骨のない、くねくねの分厚い体壁。腸や内臓を取り出されても我関せずの大物ぶりだ。環境の変化から身を守ろうとするときは、肛門から自分の内臓を放出して煙幕を張ろうとする。生け簀にいるとき、腸や卵巣を出してしまう場合もあるという。それをひとつずつ腑分けしてゆくのだから、目と手がかかっている。

それにしても、すばやい。白刃一閃、腑分けされてみるみる四つ——卵巣と精巣（集めてくちこをつくる）、腸（このわたをつくる）、腸の端（口径の硬い部分、胃にあたる消化器で、塩辛をつくる）、水わた（えらに似た呼吸器で、塩辛をつくる）——に変身させられる。体壁もふくめ、捨てるものはほとんどない。なまこも本望だろう。

腸を扱う手つきは、繊細を極める。このわたをつくるために腹から出した腸を手繰ると、しゅるしゅるびよーんとゴムみたいに長く伸びるのだが、その端を指先で軽くつまんで丁寧にしごきながら内容物を出して水洗い。このとき、色のよしあしを見定めながら選り分けをおこなう。

「十キロのなまこから取れる腸は二百グラム足らず、ほんとに貴重です。胃粘膜に付着している成分が発酵を促すので、洗い過ぎてもいけないんです。発酵せず、風味が深まらなくなるから」

女性陣が集めた腸を、さらに森川さんが自然光に透かしながら太い杉箸でしごいて水や空気を抜き、最終仕上げをほどこす。しごくとき、なかに含まれる自己消化酵素を取りすぎないように塩梅するのがコツだという。そののち七％の粗塩を混ぜこんで素手で腸の集団を馴染ませると、みるみる水分が上がり、ぷりっと弾力のある風合いに転じてゆく。水切りを終えて熟成させると、腸の酵素がタンパク質を分解してうまみ成分のアミノ酸に変わり、このわた独特の風味が育つのだ。

やっぱり不思議でしょうがない。いったい誰が考えついたのだろう、なまこの腹におさまっている腸を塩と馴染ませて食べるなんて。桶のなかで揺れている濃茶のたぷたぷが、人間となまこの攻防戦に見えてくる。

午後二時過ぎ。午前中から続いたこのわたづくりを終えると、いよいよ名人の腕の見せどころ、くちこづくりが待っている。ひと冬およそ二百枚つくるという干しくちこは、贅沢中の贅沢品だ。製品になると、一枚五千円は下らない。たった一枚のくちこをこしらえるために、そうめんより細い卵巣や精巣が数キロから数十キロぶんも必要になる。さらには、春が近づいてなまこが成熟するにつれ、味が微妙に変化し始めるので急がなければならない。

「まず、素材のよしあしの見極めがむずかしいんです。卵巣は三月に入ると太くて水っぽくなり、熟れた柿色に変わって、あと味にえぐみが残るので、三月中旬から選別が鍵になる。なまこは禁漁期間が長くて、旬はわずか四ヶ月。いいくちこをつくるには、一月と二月の二ヶ月しかないんだ」

バットのなかの色や太さに目を光らせ、ときにつまんでみずから啜って味見し、箸の先を動かして的確に選り分ける。さらに森川さんが集中力を高めるのは、掛けて干す瞬間だ。

経験と感覚をフル回転させて瞬時に品質を見分けるようすは、なるほど名人のそれ。

「太い杉箸で『精緻入念につくる』。これは徳川家への献上品に使われた中居のくちこづくりの伝統だからね、たいせつに守っていかないと」

初めて目にするくちこづくりは、驚きの連続だった。橙色の卵巣と白い精巣が混じると、ほんのり

（上）なまこの腹に切れ目を入れ、冷たい海水で丁寧に洗いながら、はらわたを選り分けていく。200kgのなまこを4人がかり4時間ですべて捌き切った。（下）くちこづくりは経験と集中力が頼り。

明るい曙に染まる。それを杉箸でたっぷりすくい、戸板大の木枠に張った紐に一定の間隔を空けながら掛けてゆく。

「木枠の幅は二尺八寸。そこへ紐を渡し、一段に五枚を掛けるのが僕のやりかた。長年試行錯誤して、一番大きくて、うつくしいくちこに仕上がるように自分で工夫しました」

紐にたっぷり掛けられた卵巣と精巣が、杉箸の動きに導かれておのずとバチのような逆三角形におさまってゆくのは、何度見ても不思議な光景だ。森川さんが目を光らせ、箸の先に緊張が漂っているのがわかる。

「三角の先端を長くしては、だめなんです。長すぎると自重に耐えられず、割れたり切れたりするかられ。いっぽう左右には張力がかかるから、だんだん中央に寄ってきて縮む」

角度の決めかたにも、独自のスタイルがある。

穴水でもなまこは贅沢品。（中）森川家の食卓に並ぶこのわたのおむすび。（下）くちこにもこのわたにも、濃厚なうまみが凝縮している。ねっとり、むっちり、味覚の魔境に誘われてゆく。

「左右の幅は広め、角度は浅めに掛けると、重力が分散して、先端がきれいにとんがった三角になります。つまり鋭角じゃない二等辺三角形だね。ハイレグじゃなくて、浅めの腰ばきのパンツみたいなかんじ（笑）」

惜しげなく贅沢に掛けてこしらえた逆三角形は一辺十二、三センチ、先端までの長さ十六、七センチ。厚みは五ミリから一センチもある。一週間から十日ほど経つうち、じわじわ乾きながら平たい板状に変化し、おしまいごろは二十グラムまで乾燥して硬くなる。となりの木枠に、ちょうど乾燥十日め、完成直前のくちこが掛かっているので、まじまじと眺めてみる。あんなに分厚い逆三角形が、ぺたんと平らに変化を遂げており、濃厚なオレンジ色を帯びて風格たっぷり、誇らしそうで、ちょっと悩ましげな色彩である。

木枠の一段に五枚、三段ぶん。本日のくちこづくりは合計十四枚を掛けて終了となった。一時間も経つと、水分がほんのすこし抜けてうっすら膜ができかけている。先端からぽたり、ぽたり、透明な液がしずくを結んで落ちる。

「明日の朝は、紐からずり落ちている奴があるかもしれない。三月近くなると質がやわらかくなってるからね。さあ、おれが勝つか、こいつが勝つか」

目の奥がぴかっと光った。

翌朝、作業場を訪ねると、森川さんがにやり。

「十一勝三敗。夜中に確認すると、十四枚のうち三枚、掛けた一部がほんの少しずり落ちてた。空いて裂けたところへ短いのを足して補修しておきました」

それでも、手練手管ぶりはさすがだ。どのくちこも堂々として大きく、すでにそれぞれに共通する表情が備わっている。そうか、なるほど。見ながら納得する。この表情もまたつくり手の個性なのだ。

「でも、おれがつくったんじゃない。表面張力と地球の重力がおさめてくれる形なんです。それに負けずに、こっちが思い描いた通りの形になってくれるのが理想なんだよね」

みずから会得した手技をほどこし、貴重な素材を惜しみなく使って仕上げたくちこである。今日の十四枚のくちこをつくるために使ったのは、二百キロもの生きたなまこだ。

森川さん夫婦には、量産して稼ごうという気はさらさらない。康子さんが言う。

「おのずとつくれる量は決まってくるし、うちばかりがなまこを集めるわけにもいきません。夫婦ふたりで正直に細々と、守ることで精一杯。だいいち、出来が粗雑になるのはいやなんです」

くちこもこのわたも、昔から穴水の土地に伝わってきた知恵のたまものである。内臓を除いたあとは、ゆでて乾燥させ、きんこをつくる。いったんもどしたきんこは、やわらかさのなかに芯を秘めた絶妙の食感だ。中国では、きんこは貴重な乾貨として珍重されており、日本で水揚げされた各地のなまこの八割は中国に輸出されている。海沿いに暮らすひとびとは、こうしてなまこの生命力をいただきながら糧にし、共存してきたのである。

「人類よりずっと以前からいる原始的な生物なんだ。つくづくおもしろいやつですよ」

森川さん夫婦にとっても、なまこあってこその人生。なまこはなにも語らないけれど、それどころかなにも考えていないかもしれないけれど、こうして名人の手に掛かって真価を引き出され、おのれの価値を「どうだ!」と示している。

このわたをずるりと啜る。くちこを焙って細く裂き、ちびりちびり嚙む。これは人智を超えた味だ。酒がうまい。

森川仁右ヱ門商店
石川県鳳珠郡穴水町中居南2字112
Tel 0768-56-1013
通販:「金沢屋」
http://www.kanazawa-ya.com/

くちこ
大　5000円
小　2000円
(税別)ほかに生くちこ、このわたの販売もあり。

石川県

加賀市「ばん亭」

鴨治部鍋

息を潜め、音を立てないこと。

決してその場から動かないこと。

黒い洋服を着てくること。

三つを守らなければ連れていけないと強く言われていたから、いやがうえにも緊張が走る。気温がみるみる下がり、小雨のぱらつきはじめた真冬の夕暮れ。ゴム長靴のなかに携帯カイロを何個も詰め、「坂網猟（さかあみりょう）」をおこなう猟師たちのあとについて坂場へ向かった。吐く息が白い。

厳寒の二月、加賀・大聖寺。江戸期には十万石の城下町として栄えた土地で、かつての大聖寺藩前田家のお膝もとである。三百年にわたって当地だけに伝承されてきた鴨猟「坂網猟」。網を空中に放り上げて捕獲する生け捕り猟で、そもそも元禄年間に武士の鍛錬として生まれたと聞く。現在では、この古式猟法を行えるのは二十八人。名のみ聞こえた秘技である。ところが、加賀市の厚意で二〇一

加賀の鴨鍋は「治部鍋」と呼ばれる。鴨ロースを絶妙の火の通り加減で味わったのち、もも肉、ねぎ、白菜、三つ葉や春菊、すだれ麩を入れ、火を通す。噛めば噛むほど溢れる鴨の味、こたえられない。

三年、「坂網猟」を間近に見る機会に恵まれた。

坂場は石川県と福井県の県境近く、片野鴨池を取り囲む丘陵地にある。日没が迫るにつれ、空の色は紫から群青、群青から墨、刻々と変化するにつれ、猟師たちの姿がシルエットになって前方に浮かび上がる。数メートルずつ間隔を取りながら、鴨池と対峙するかっこうで坂網の準備にかかる背中には、離れていても、緊張感を孕んでいるのがわかる。肩越しの池面は黒く光り、すべてを闇の世界へ吸いこんでゆく。

片野鴨池は日本海から内陸へ約一キロ、日本有数の野鳥の越冬地として知られ、ラムサール条約に登録された湿地帯である。総面積約十ヘクタール、周囲約三キロ。マガモは、二千羽単位で北極圏から毎冬飛来する。昼間は羽のあいだに首をはさんで丸まり、池上でぷかぷか揺れているが、日が暮れると餌を求めて飛び立つ夜行性の鳥。その空腹のきれいな身を狙って坂網を空に投げ、生け捕りにしようというのだ。猟の解禁は十一月十五日から三ヶ月間、捕獲数は毎年平均二百数十羽。自然の生態系を乱すことなく、つまり自然と賢く共存する知恵が守り続けられてきた。

江戸期から伝承されてきた坂網は、ユニークな形をしている。Y字に組んだ細い竹製、全長約四メートル、重さ八〜九百グラム。先端の幅約一・八メートル、長さ約二メートルの三角状の網の部分で鴨を捕らえ、生け捕りにする。しかも、網のなかに鴨が飛びこむとハザオと呼ぶ竹がしなり、その反動で網の留め部分が締まって巾着袋状に閉じる精妙な仕掛けがほどこされている。とはいえ、十回に三羽獲れれば名人級といわれる、きわめて難易度の高い猟である。そもそも、池から飛来してくる鴨は、どの方角から、いつ、どんな高度でやってくるのか。まさか事前に鴨からお知らせがあるはずもなく、しかも、闇のなかで、いつ網を投げるタイミングを判断するのか、謎は深まるばかりだ。

番小屋を出る直前、古老の猟師がつぶやいたひと言がみょうに耳に残った。

「風が静かやな。今日はいける気がするんや」

日没後、五時四十分。片野鴨池も坂場もすっかり漆黒に覆われ、不気味なほどの静寂があたりを包んでから五分、あるいは十分も経たない頃合い。

ガアガア、ゴッゴッ。

野鳥のざわめく声がいっせいに闇を震わせた。荒ぶる野生のおたけび。すると、あちこちでざわめきが起きて呼応が生じるので、背筋がぞくりとする。猟師たちは、と目を凝らすと、すでに坂網を握りしめ、ひっそりと身を低くして構えの姿勢を取っている。その姿には、すでに人間の気配はない。決戦間近ということか。わたしはその後方、木の陰に隠れて一部始終を見逃すまいと息を殺す。

ササササッ。池面のあたりで空気の擦れ音が起こった。あっ、暮れた空に稜線の向こうから鳥影の大群。あれだ。目を見開いて緊張するのだが、なぜか、猟師は誰ひとり身動きしない。絶滅危惧種のトモエガモなのか。しかし、この闇のなかでトモエガモかマガモか、瞬時に判断しているということか、一拍置いてあらたな大群が頭上を飛来していったが、申し合わせたように猟師は動かない。

その直後。

数百羽、いや千羽。とつぜん前方の空におびただしい大編隊が現れ、ぐんぐん距離を縮めてくる。まるでヒッチコックの映画のように走る恐怖。

ゆんゆん、ゆんゆん。

聞いたこともない奇妙な金属音を聴覚が捉えたと思ったら、あたりに殺気が走った。猟師たちがいっせいに立ち上がって自分の坂網を跳ね上げ、空高く放つ。乱れた頭上の大編隊は、その瞬間に飛ぶ角度を急上昇に変化させた。

とすっ。違和感のある音が起き、前方左、宙を舞った一本の坂網が黒いかたまりを捕らえて落下。

その地点を目がけて捕獲に走る猟師の影はあたかも疾風さながら。人間の身のこなしではない。動くなと注意されていたから、駆け寄りたいのを我慢し、首だけ伸ばして気配を探る。

坂網猟の本質に触れた気がした。

一対一。鴨と人間。この猟は、ふたつの命が正面から向き合う真剣勝負なのだ。日没後、腹ぺこの鴨は大群をなして餌場を目指す、その頃合いの風の向き、強さ。鴨が飛んでくる速度、高度、位置。坂網を放つタイミング、角度、高さ、勢い。猟師は高めた集中力を総動員し、五感を研ぎ澄ませて野生に挑みかかる。

今夜の成果は、鴨一羽だった。勝負に勝った猟師はその場で鴨をすばやく窒息させ、命を絶つ。坂網猟で獲った野生の鴨がとんでもなくうまいといわれるのは、捕獲してすぐさま窒息させるため、肝臓に血が溜まって肉に一切のストレスがかからないから。さらには、落下するとき、坂場に植わった松などの木の枝に引っかかりながら落ちてくるので、打撲せず無傷。しかも空腹で胃が空っぽ、内臓にも傷みがない。三百年を通じて、加賀ではこうして野生の恵みを享受してきた。

坂網猟が民間に許可されたのは明治十四年、地元では「鴨池管理番所」を組織し、猟の全容を把握して伝統を守り続けてきた。現在は新入りから古参まで全二十六人、猟をおこなう順番や坂場での位置を江戸期から続くくじ引きで決定し、独自の慣習を引き継ぐ。老齢の猟師たちはみな、坂網猟をする親や親戚について技術を身につけた者ばかり。落ちてくる鴨を捕獲する「鳥押さえ」の役目を引き受け、幼いころから五感を磨いてきた。幼少のころから積みあげた経験があってこそ、野生との一対一の闘いは成立するということなのだろう。

山本武雄さん（七十六歳。当時）の話。

「昭和三十四年から兄貴に教わって猟をはじめたんです。シュッ、シュッ、シュッ、池から飛び立つ

片野鴨池は、数千羽のガン・カモ類が越冬する国内有数の水鳥飛来地。湿地の環境保全に尽くす地域、3ヶ月間だけ伝統に則った坂網猟を行う猟師たち。それぞれのやり方で鴨池を護っている。

乙八番九場
甲四番拾弐場
甲七番拾場

羽音が聞こえると、おっ、池から飛び立ったぞ。息を殺して構える。羽ばたきが速くなるまでほんの何秒、あっというま。冬場は白い息がでるでしょ、それも出さないよう注意して、身体も動かさない。奴さんたち、我々の息ひとつ、身体の動きひとつ、すぐ学習してしまう。ものすごい敏感よ。自分の真上に来たとき網を上げる。入った瞬間、ググーッとくるわけ。そりゃもう身体に震えがくるわね」

猟区協同組合長の、池田豊隆さん（七十歳。同）の話。

「人間のかいな（腕）力と五感を研ぎ澄ませ、一日のなかでいかに一番うまい鴨をつかまえるか、わしらはその技を受け継いどる。よく網の上がる若い元気のある連中は十三、四メートル、おれらの年になると十から十二メートルを飛ぶやつを射程内に入れて獲る。今年はうまいリーダーがおってね、みんなを先導しとるから射程内になかなか降りてこん。池の周りをぐるぐる回って飛ぶんやが、もうちょっと低けりゃ届くのになあ、という高さで飛んでくるもんで。一網打尽にする猟やないから、それだけこの猟のおもしろみがある」

こんにちの坂網猟は、生態系を守りながら人間が資源を有効活用する「ワイズユース」（賢明な利用）と位置づけられ、当地では、鴨をはじめ野鳥の環境保護も熱心におこなわれている。片野鴨池に隣接する「鴨池観察館」で、地元の猟師や農家、ボランティアなどの協力を仰ぎながら湿地一帯の保護活動をつづけている。二〇一三年一月十五日付「北國新聞」の記事には、こうある。

「ラムサール条約登録湿地である加賀市の片野鴨池では、前年度比約25％増の４３８８羽が確認された。（略）『東北地方などで例年より降雪の時期が早く積雪量が多かったため、野鳥が餌を求めて南下してきたのではないか』とみている」

そのうち絶滅危惧種のトモエガモ二千二百二十三羽、マガモ一千九百十羽。農家二十軒ほどが協力し、冬でも田んぼの水を絶やさず、米の入った籾を撒いて鴨のための環境づくりに取りくんできた成果である。冬場の田んぼに水を張るのは、めざとく浅い水辺を見つけた鴨が落ち籾や二番穂などの餌を探して食べる習性を見越してのこと。鴨のクチバシの内側は櫛の目状で、餌と水をいっしょにクチバシのなかに入れたのち、餌だけ漉し取って食べるため水のある環境が不可欠なのだ。さらには、田んぼを秋起こしした部分、しない部分の両方を備えた「シマシマたんぼ」をつくり、鴨が餌を食べやすい環境づくりを模索している。

農家の杉本喬さんが自分の田んぼを二枚、「シマシマ」にしたのは二〇一〇年。鴨が年々減少していると聞き、協力してみようと名乗りを上げた。

「むかしはカワセミやオニヤンマが飛んでおって、小さな手づくりの田んぼやった。ところが川は護岸され、田んぼは乾田化されると魚が生活できず、鴨の餌場もなくなっていった。でも、『シマシマたんぼ』に変えて日々観察しておると確実に鴨が来はじめたよ。アオサギやコウノトリもくる。いまではすっかり鴨と友だち（笑）」

かつて片野鴨池は、池面に収まりきらないほどの数が飛来してきた鴨のパラダイスだったのだ。だからこそ、当地では、鴨をめぐる文化が色濃い。鴨のつがいは大聖寺藩から幕府への献上品であり、地元では結婚式の引き出物として扱われた。戦後のころは、猟師が獲った鴨を卸したのは魚市場である。当時は、一般家庭でも鴨を買ってきてお祭りや正月に潰して食べる習慣があったけれど、昭和四十年代ごろから食文化が変化し、「毛のついた鴨もらっても、弱ったァーっとなった」と、猟師の池田さんは言う。こうして、鴨は料理屋で食べる味になっていった。しかし、猟師にとっては、自分の手柄は存分に味わってこそ。いかに上手に賞味するか、食べ尽くすか、これもまた鴨との知恵くらべ。今年は寒さが早く、例年より早く渡ってきて地元で餌を食べはじめ、十一月終盤あたりから脂が乗りだしてきた。

ゆうに半世紀以上、鴨との駆け引きを演じ続ける猟師、池田さんの鮮烈な言葉はどうだ。

「アタマのいい鴨はうまい。たるーい奴はやっぱりうもうないんや。白鳥なんかといっしょに餌食べて、人間を怖いものやと思うてない、学習効果のないあんなやつ。わしは、食えるもんは全部食おうと思うて、几帳面に料理します。捨てるとこはないわ。肉は噛めば噛むほど香ばしい。こくが違う。マガモは鳥類のなかでトップやと思う」

骨の髄からでるだしが一番うまい、叩いて肉といっしょに団子にする……猟師の言葉に味覚が騒ぐ。

加賀市内「ばん亭」。鴨を味わうならここと狙い定めた。

まず、鴨肉に見惚れた。ダリアの花のように大皿に広げられた鴨ロース肉の花弁は、あでやかなぶどう色。しっとりときめ細かく、艶々と光っている。身の外側についた脂肪はきゅっと締まって、野生を誇る。テーブルの上では、煮えついただしがふつふつと湯気を立てている。

「では、おつくりしますね」

主人の水口清隆さんが、鴨ロースを一片、つづけて一片、表裏ともまんべんなく小麦粉、片栗粉を薄くまぶしつける。粉をまぶすことで肉のうまみを逃がさず、しかもやわらかくなる加賀の郷土料理「治部鍋」の手法だ。熱いだしは、鴨のガラや野菜、昆布などを長時間ことこと煮たものをベースにし、酒や醤油をくわえてこしらえた「ばん亭」特製。そこへ、水口さんが白い衣をまとった肉を静かにおとすと、鴨はもったいをつけるように行方をくらました。

ゆらり。だしの表面に鴨肉が舞い上がってきた。その瞬間を逃さず箸ですくい上げ、わさびをつけて口に運ぶ。肉の厚みに自分の歯が上下からぐーっと入るとき、わたしは野生を捉えた実感を逃すものかと背筋を伸ばした。さらに噛む。さっくりと肉質は軽やか。肩すかしを食らったと油断した直後、凄まじいうまみがどっと襲来した。たまらず、さらに噛む。みるみる口中が鴨のこくに充たされ、歯

「ばん亭」の治部鍋。鴨1羽でたっぷり4〜5人前。鴨ロースには小麦粉と片栗粉をはたき、つるんとした独特の食感。まずロースを味わい、次に野菜ともも肉の鍋を楽しみ、そのだしでおじやをいただく。光る米つぶに鴨のうまみがたっぷり。

茎をじいんと撃つ。「香ばしい」という猟師の言葉はまぎれもないが、それ以上の芳しさ。とろみに変わった粉の部分がだしをほどよく吸いこみ、治部鍋という料理の巧妙さに唸るばかりだ。坂網猟で獲った鴨はいっさいの臭みもくせもないといわれるが、純粋な野生の味とはこのこと。尊い命をいただくありがたさに手を合わせたくなった。

つづけて、鴨ロース肉の串焼き。分厚く切った肉を炭火でじわじわ焙った焼きたてを頬張ると、もういけない。噛むたびに肉の線維から鴨のうまみが四方八方に拡散し、味覚を騒がせつづける。脂肪は濃厚なのにキレがよく、むしろ軽やか。いままでいろんな鴨を食べてきたけれど、これほど濃密かつ清廉な味わいに出逢ったことはなかった。さらに不思議なことには、味わうというより、むしろわたしは鴨との一体感を覚えていた。

水口さんにとって、鴨を調理するのは野生そのものに近づく行為に等しい。

「自分の手で鴨の毛を毟(むし)り、さばかないと、鴨の本当のことはわかりません」

猟師から仕入れた鴨は厨房のかたすみで三、四日寝かせ、必ず自分でさばく。一羽約一・二〜三キロ。さばくところを拝見すると、血管を傷つけず包丁を入れ、ロース肉、脚のもも、ささみ……あっというまの手際のよさ。長年培った経験で、手触りや目で見ただけで肉質のよしあし、脂の乗り具合がわかるという。打ち身の部分の肉は黒ずんで味が落ちるから、鍋には使わない。

「天然の鴨と養殖のものは体型が全然違います。飛ばない鴨は、体の大きさはおなじでも胴長で脂肪が多く、脚も太い。『天然』と札がついていても、足を裏返すと歩きダコがあるので、あれおかしいなとわかる。何千キロも飛んでくる鴨なら、胸の筋肉もぐっとふくらんでたくましい。それを坂網猟で捕らえるわけですが、『襲う』感覚でなければ獲れませんね。たくさん飛んでくるなかから、猟師は鳥の種類やオス・メスまで瞬時に見分けている。ケモノがエモノを襲うんですよ。この猟は、三百年以上も続く加賀の伝統文化ですからほんとうに貴重です。こんな大切な鴨を扱わせてもらうことに感謝しています」

　地元で育った水口さんがはじめて鴨の味を知ったのは、子どものころ、坂網猟をやっていた叔父にふるまってもらった鴨のすき焼きである。鉄分のつよい未知のうまみに、いっぺんで虜になったという。鴨の味には、脳に突き刺さる強烈な刺激がある。だからこそ、鴨と向き合う水口さんの料理には滋味とともに真剣味が宿る。和食の定番、鴨ロースの焼き物をつくるときは肉を刺激せず、じっくり低温調理する。味噌漬やロース肉の生ハムなど、これまでになかったあたらしい料理も試行錯誤を重ねている。また、京都で十三年修業したのち「ばん亭」に戻って料理を手がける次男の龍さんは、二〇一二年坂網猟の組合に入り、若手猟師として加賀の伝統文化に連なる覚悟だ。

　この加賀の地では、人間、鴨、自然が三位一体となって営みの尊さが護られつづけてきた。わたしは、鴨の飛来を待ち受ける暗闇を思う。背中が粟立つほどの静寂に凝縮されているのは、三百年の歴史なのだった。

　古老の猟師、池田さんの言葉がふたたび蘇る。

「鴨ほどうまいもんはない。この土地に生を受けたおれらはうまいもんに恵まれた」

　命の尊さを知る者ほど、味わう僥倖を噛みしめる。みずからの命に叩きこむようにして。

ばん亭
石川県加賀市大聖寺東町4丁目11
Tel 0761-73-0141　Fax 0761-73-2724
営業　11時30分～14時、17時～22時
定休　水曜日、第2木曜日
http://bantei.co.jp/

鴨治部鍋
坂網鴨　治部鍋　5500円
坂網鴨コース　8800円、12000円、15000円
ほかに天然鴨、合鴨などのコース、単品料理。

東京都

新橋「鮎正」

鮎塩焼き

朝だというのに、肌がひりつく炎天である。夏のつよい光を満面に受けとめて、清流が燦めく。青空には入道雲。さわさわと川面を揺らす風の音が耳に心地いい。息を潜めて流れの奥を凝視していると、不意に魚影があらわれ、いったんすがたを消したと思うと、飛沫(しぶき)を散らして川面から現れ、宙に舞い上がった。

鮎だ。釣り糸がぴいんと緊張し、鮎の精悍なエネルギーを伝える。

峻烈な魚である。初夏から晩秋、稚魚から若鮎、若鮎から成魚、川を遡上しながら成熟して産卵を果たし、日本の四季を一気に駆け抜ける。なかでも夏、柳の青葉を思わせる体軀にいっそうの精気がみなぎる季節がやってきた。

東京・新橋、鮎に打ち込む一軒の店がある。その名も「鮎正」。鮎漁の解禁をいまかいまかと待ち侘び、いよいよ味わう天然の鮎の塩焼きのおいしさは、頭から齧りつくなり感嘆、しばらく声がでな

天然の鮎の塩焼き、その野性味と品のよさ。

頭からかぶりつくと、流れる川の勢いまで伝わってくる。鮎漁解禁の6月初頭から10月の落ち鮎の時期まで、何度でも味わいたい。

い。みずみずしい苔の香り、ぴちぴちと口中で跳ね飛ぶ勢い。鮎の持ち味を生かし切る。

「焼き上がってお客さまにお出しするとき、板場の空気がふっと動いて香ります。たとえ後ろ向きで仕事をしているときでも、お、今日の鮎はいいなとわかる。焼いているときの香りからして全然違います」

主人の山根恒貴さんが、急逝した実兄の跡を継いで父母から「鮎正」をあずかったのは二十代のおわり。以来三十数年、鮎ひとすじ。山根さんにとって、鮎はただの食材ではない。その背景を知れば知るほど、塩焼き一本に託された思いに粛然とする。

鮎は、山根家の人々を結ぶ魚なのだった。


島根・日原（にちはら）。照りつける日射しをさえぎって、高津川の清流に蟬の声が響く。島根西部を流れる高津川は日本で唯一、一級河川でありながらダムがない稀少な河川で、二〇〇七年には国土交通省の水質調査で全国一に選ばれた。苔を食（は）み、清流をくぐりながら生きる鮎にとってかけがえのない棲み家である。新橋「鮎正」の鮎は、ここ高津川での貴重な釣果である。

山根さんの実家は、日原にある大正初期創業の割烹「美加登家」。昭和十一年、父が修業先の東京で母を見初めて故郷で結婚、先代から引き継いだ店である。看板料理は、高津川の獲れたての鮎。ぴちぴちの新鮮な鮎は日原の味であり、一家を支える味でもあった。だから、「鮎正」は、東京新橋にありながら、看板「島根の郷土料理」を誇らしく掲げる。

現在、日原の「美加登家」を切り盛りしているのは山根さんの三番めの姉、紀江さんと甥の嫁の由香さんだ。亡き父が苦労して釣り師たちから鮎を買い集めるすがたは、幼かった紀江さんの脳裏に焼きついている。


鮎の縄張り意識を利用した友釣り。1年の短い命だからこそ、その身には闘争心がみなぎっている。「高津川の鮎はよそのとは違うよ」と百戦錬磨の釣り師は言う。

（左上）一夜干しの鮎からつくった魚醬を塗る。（右上）はらわたは水にさらして雑味を除き、うるかを作る。（右下）鮎の頭や尾をオーブンで焼き、一晩湯に浸して香り高い「鮎のだし」をつくり、左の「鮎ごはん」を炊く。（左頁）焼き加減を指ではかる。

「夏の暑い日、水桶を載せた荷車を引きながら川沿いを歩いて懸命に鮎を買い集める父を見て、わたしたち兄弟五人は育ちました」

鮎は、気象の変化ひとつで獲れ高がまったく違う。川が荒れれば、たちまちすがたを消してしまうのだ。鮎をあつかう、それは自然そのものを相手にするということ。ひと知れず重ねる苦労はいまも変わらない。

「多い日は四〜五十人の釣り師が持ちこんでくれますから、総重量が六十キロになることもある。ところが、ぱたりと獲れなくなる時期があるんです。雨が降らず渇水になれば苔が減り、鮎は棒のように痩せてしまう。鮎の味には季節がそのまま現れます」

解禁を迎えると毎日気苦労が絶えません、と言うのは「美加登家」の板場をあずかる山根さんの甥、一朗さん。「鮎正」を父から引き継いだのち、志なかばで急逝した山根さんの実兄の長男である。日ごとの仕入れは日原と新橋の両方を支える。初夏ともなれば「鮎正」の味を楽しみに訪れるお客で連日満席になるが、思い通りに自然は動いてはくれない。自然環境に翻弄されて瀬戸際に追い詰められると、新橋の山根さんは生きた心地がしない。なにしろ鮎の質のよさで勝負する店なのだから、築地をはじめ全国各地の行商人や釣り師にいたるまで、自分が納得できる鮎を調達するために奔走する。毎日が綱渡り。それだけに、「美加登家」と「鮎正」はつよい絆で結ばれている。

真夏日の昼ちかく、がらりと板場の扉が開いて、最初の釣り師が釣果を携えてやってきた。クーラーボックスを開けると、ついさっきまで高津川を跳ねていたいきのいい鮎が二十尾。夕方まで三々五々、こうして釣り師たちが川帰りに日ごと「美加登家」を訪れる。

鮎は闘争心のつよい魚だ。顔つきはすこぶる精悍、おおきく裂けた口に櫛状の歯が発達しているのは、岩場や石に生える珪藻類に喰いつきやすいため。いっぽう一日の気温や水温の変化に敏感で、水温が低くなれば動きは鈍くなり、釣りにくい。気候、川の環境、鮎、三つの要素は密接な関係にあり、だからこそ土地ごとに容姿も味わいも異なる。高津川の鮎はおおきめで、長い背びれは鳥の羽のよう、腹部は幅広で内臓も多く天然遡上の勢いに満ち、鮎にうるさいお客も一目置くおいしさだ。

一朗さんが獲れたての鮎を「背越し」に仕立てた味わいは、衝撃的だった。生きたまま包丁の背で鱗をこそげ、すばやく鰭や内臓をのぞいたのち背側から骨ごと二ミリの厚さに切り、いったん氷水にさらす。ひとひらの冷たい舌触りは、ぴんっと身が締まりながら艶やかな脂を湛えている。ふっと立ち上がるみずみずしい苔の香り。毅然とした存在感を放つ高津川の鮎に圧倒された。

翌朝「美加登家」を訪れると、一朗さんが氷を削り、水とあわせて大量のみぞれをこしらえていた。

「今日は約二百尾、十六キロの鮎を新橋に送れます」

体格のよさもまずまず、一朗さんも紀江さんも、ほっとひと安心の表情だ。砂出しをしたのち、生きているうちに氷で締め、真空パックに仕立ててみぞれのなかへ埋めこんで新橋へ送りだす。

「鮎正」のカウンターの向こうがわ、苛酷な熱を放つ一角がある。その専用の焼き台は、いわば「鮎正」の聖地だ。背骨を縫うように巧みに串を打った鮎に塩を当て、じっくり焼き上げる。前に立つと、放射熱を浴びて玉の汗が噴きだす熱さだ。

焼きぐあいは、絶妙としか表現しようがない。かりっと皮目が張って香ばしく、身はしっとり。骨まできっちり、一尾が焼き切ってある。

「川魚は水分を多く含んでいます。それをいかに逃がしながら焼くか。ひとことで強火の遠火といっても、火の扱いは複雑です」

焼き台の下には水を張らず、赤外線を併用した激しい火力を操りながら表裏を数度返し、果敢に攻めながら焼く。骨まで焼き切る感覚は、試行錯誤を繰り返しながら、山根さんが三十代の半ばに体得した技術感覚だ。言うのは易しいが、見えず、直接触れることもできないのだから、至難の業だ。しかも、雨や曇りの日は鮎の水分が抜けにくく、天気によって焼き上がりが異なる。頼りにするのは、感覚と自分の指先である。頃合いを見計らって腹にちかい部分に軽く指先を触れると、かすかに押し返してくる弾力があり、その強さ弱さで焼きかげんを推し量る。

味わうとき、おのずと背すじが伸びる。頭から尻尾のさきまでまるごと、鮎の勢いに負けぬよう心して味わいたくなるのだ。香魚とはよくいったもので、がぶりと齧りつくと、ほのかに西瓜のような青い香りが立つ。鼻腔から駆け昇ってゆく鮮烈な風味は川を遡上してゆく鮎そのもの、日本の自然と一体になる興奮を、鮎が連れてくる。

「鮎正」には、ほかでは味わえない非凡な味がいくつもある。たとえば、うるか。

うるかは、鮎のはらわたを塩漬けしてつくる珍味である。うるかの生命線は、鮮度。じつは、日原で生きた鮎をさばくときに腸を取りだし、これも新橋へ送り届けている。新橋でさばくときも、一尾たりとも無駄にせずはらわたを集め、塩分濃度約十数%で保存して熟成させ、うるかに仕立てる。カウンターに座ると、板場の正面に神棚が祀ってあるのだが、その下方に、褐色の液体が詰まった瓶が二十本。地味な色合いだからひと目にはつかないが、じつはこれ、室温で熟成させる「鮎正」自慢のうるか。ひと瓶ずつ毎日攪拌して熟成をうながすのも、たいせつな仕事のひとつである。

「鮎正」だからこそ生まれ得る代表的な料理のひとつが「うるか茄子」。新鮮な生のうるかを醤油、酒、みりんとともに煮て、さっと油で焼いた茄子と合わせる一品なのだが、黒々と艶っぽい光沢をまとった茄子に箸を伸ばすと、まったりと広がるこく、似たものがない濃厚なうまみ、いつも未知の門をくぐる感動に捕まってしまう。そして、癖になる。

(左上)うるか茄子。熟成したうるかと茄子を炊き合わせたこくのある一品。たれを絡めて味わえるよう、ひと口分のごはんが供されるのが嬉しい。(右上)鮎昆布〆。白板昆布で〆て三杯酢をかけた繊細な味わい。(右下)鮎ご飯。鮎のだしと三枚におろした身を炊き込んだ香り高いごはん。(左下)香醬焼き。

「うるか茄子は、もともと茄子にうるかやじゃこを入れて煮浸しにする島根の郷土料理なんです。おふくろが新橋を手伝っていた当時、私はまだ二十代の修業中で、深夜まで鍋磨きをやっていました。うちならではの料理をつくりたいと思い、あれこれ工夫して試作しているときにできたものなのですが、まずおふくろに食べてもらったんです。『こんなのできた、食べてみて』『おいしいねえ、これ』。そのとき、いまの味の原形ができました」

派手さはないのに、忘れられない。鮎料理を専門にしなければこれだけのうるかを集めることができず、だから、ほかでは真似ができない。

まだある。うるかと合わせた練り味噌を鮎に詰め、からりと黄金色に揚げた包み揚げ。うるかが熟成する途中に上がってくる汁から魚醤をつくり、それを刷毛で鮎の身にさっと塗って干す香醬焼き。しめくくりに供する鮎を混ぜこんだごはんも、「鮎正」だからこその贅沢だ。昆布だしに合わせるのは、膨大な量の鮎の頭や尾などのアラをオーブンで焼き、湯に浸してつくった鮎のだし。「鮎正」の鮎料理には、文字通り鮎のすべてがこめられている。

「日原で鮎を集める苦労はむだにはできません。いつも店の若い子に言うんです。『まな板から頭を落としたら、すぐ拾え』って」

料理人としての山根さんを支えるのは、ふるさと島根の気候風土である。その立ち位置にぶれがないからこそ、珠玉の味のかずかずが生まれた。

昭和三十八年、日原の天然の鮎を味わってもらいたい一心で出した店である。新橋の土地は、清水の舞台から飛び降りる覚悟で父が借金をして手に入れた。日原の紀江さんは「家族がちからを合わせて働いて、マッチ箱のおおきさから買い継いだ土地」と表現した。山根さんが兄の跡を引き継ぐために上京したのが昭和四十三年、以来こんにちに至るまで、ふたりの姉、章江さんと啓子さん、内助の

鮎塩焼き（6月3日～10月末）

天然鮎雪コース　11100円

月コース　13100円

花コース　15100円

功を発揮して夫を支えてきた則子さんとともに新橋を守りつづけてきた。

二〇〇九年秋、東京都の道路計画によって、「鮎正」は道一本はさんだ場所に移転を余儀なくされた。すぐ近所に用意された代替地に新築の店が開店したが、しかし、新橋の一角になつかしい昭和の風情を伝えてきた佇まいの記憶は、一家のひとびとをいまも束ねる。

「料理は歳時記です。そこにこそ物語を見出したいと思っています」

鮎とともに幾度となく四季の訪れを迎え、見送ってきた山根さんの言葉が耳に残る。

今年も暑い夏がやってくる。日原の清流のどこかで鮎が跳ねている。鮎は、いのちを懸けるものにはみずからのいのちを以てこたえる。

美加登家

島根県鹿足郡津和野町日原221-2
Tel 0856-74-0341
営業　11:30〜19:00(最終入店時間)要予約
休業　月曜日
http://www.sun-net.jp/ ~mikadoya/

鮎正

東京都港区新橋4-21-14
Tel 03-3431-7448
営業　月〜金17時〜22時　土17時〜21時
定休　6月〜10月　日・祝(海・山の日は営業)
11月〜 5月　日・祝・第2・4土曜日

茨城県

天下野町「中嶋商店」

中嶋商店の凍みこんにゃく、一しめ40枚。1枚の大きさはハガキ半分ほど。土地に伝わるハレの食材であり、終戦まで海軍省にも納められていたという。湿気を避けて保存すれば50年保つ究極の保存食。

凍みこんにゃく

これはなに？　かさかさに乾いた羽のような白い一枚、匂いもない。重みもない。ぺたんと薄くてかちかちに硬い。正体を知らなければ、まさか食べられるなんて誰も思わない。こんにゃくだと教えられても、ぽかんとしてしまう。

凍みこんにゃくの存在を知ったのは十年ほど前、ＮＨＫの番組でレポーター役を引き受けることになったときだった。土地の保存食だと聞いても、味がいっこうに想像できなかったけれど、そのぶん興味をそそられた。なにしろ凍みこんにゃくをつくる農家は日本全国で一軒だけ、風前の灯火のような食べものだという。それを、老夫婦が「伝統を絶やしてはならん」と手を取り合い、身体にむち打って懸命に守りつづけている――胸に響いた。

茨城県北部、久慈郡水府村（現・常陸太田市天下野町）。福島と栃木に近い山あいの村に降り立つと、師走の寒風が骨身にこたえ、足もとからみるみる冷え上がった。しかし、この寒さを待ち侘びているひとがいる。それが昭和五年生まれの中嶋利さんと妻、よしゑさん。ふたりで取り組む一年で十万枚の凍みこんにゃくづくりは、夜は凍てつき、昼は気温が緩む酷寒の水府村の十二月を迎えて、いよいよはじまる。

　久慈地方はもともとこんにゃく芋栽培のさかんな土地で、凍みこんにゃくの製法は江戸期に丹波の国から伝えられたとされる。昭和初期、冬の農閑期を利用して凍みこんにゃくをつくる農家が五十軒ほどあったが、作業の厳しさと高齢化の波を受けてしだいに減っていき、昭和五十九年になると一軒だけが残った。その農家がいよいよ廃業すると聞き、利さんは自分がつくる決心を固めた。

「幼いころからのごちそうを失くしちゃならんと思ったんです」

　甘辛く煮染めた凍みこんにゃくは田植えや法事など特別な日の一品で、贅沢なふるまい料理として供されてきた。

「誰かが伝統を引き継がなくてはいけない、その一念でした。五十四歳のときです」

　本業の米や野菜の栽培にくわえて、こんにゃくも製造販売していたから、こんにゃくそのものをこしらえる技術には自信があった。しかし、凍みこんにゃくとなると話が違う。どう均等に薄く切るか。どのくらい乾かせばいいのか。どんな方法を使えば、白くて、きれいで、食べておいしい歯ごたえのいい凍みこんにゃくができるのか。まるきり白紙の状態だったが、利さんは一度やると決めたら動かなかった。

　初めて見た光景に衝撃を受けた。中嶋家のすぐ裏手に広がる六百坪、冬枯れた田んぼいちめんに黄土色の藁が敷きつめてある。無農薬の田んぼ二反、すきまなく広げたふかふかの藁の上に数千枚、いや数万枚の白い長方形が見渡すかぎりびっしり。信じがたい光景だった。これは田んぼを舞台にしたアート作品だろうか。しかし、間違いなく乾燥中の凍みこんにゃくなのだ。

寒風のなかに立って、いぶかしむ。いったい誰が、こんなに整然と？　しかも、日に四度水を撒き、昼夜をまたぎながら約一ヶ月、さらには途中で一枚ずつ手で裏返すと聞き、気が遠くなりそうだった。なんという手間と労力だろう。利さんとよしゑさんふたり、三十年間の試行錯誤を重ねた軌跡が目前にあった。

利さんの凍みこんにゃくづくりは、まず生のこんにゃく芋を摺りつぶすところから始まる。市販されているこんにゃくは粉末を固めたものが多いが、粉末を使って乾燥させると平板な食感になり、風味が格段に落ちる。最初にこんにゃく芋を潰し、熱湯をくわえ、水酸化カルシウムで固めて水にさらし、煮沸して分厚いこんにゃくをつくる。これを突き押し機にかけてぺらぺらに薄く切るのだが、こんにゃくを薄く突く作業も同い年の夫婦ふたり、阿吽の呼吸でおこなう。

「夫婦げんかすると、呼吸がいまひとつになっちゃうね（笑）」

そののち、凍みこんにゃくの原型のぺらぺらを石灰水に放ち、四日間、あく抜きする。

昭和六十年に入ると、凍みこんにゃくをつくるのは中嶋さん夫婦だけになっていた。

「数年間は失敗の連続だったけどね、辞めようとは思わなかったです。失敗は、先生。そんな気持ちで、失敗を糧にしてきたの」

意地もあったけれど、利さんの背中を押したのは探究心だった。

「むずかしいのは天候の見極め、水かげん、乾かしかた。藁の上にこんにゃくを敷き詰めたら、毎日四回スプリンクラーで水を撒きます。その間、並べたこんにゃくをうっかり乾かし過ぎてしまうと薄っぺらになって黒ずみ、きれいに白く仕上がらないんです。天気の具合を見て、乾きそうになったらすぐ水を打って、夜にはその水分がきちっと凍るように持っていく。日当たりや風の具合を見ながら、こまめに調整しなくちゃいけないの」

つまり、変化をコントロールしながら理想の状態に導くということ。日に四度、水をかけるのもちゃんと意味がある。早朝に水をかけるのは、夜中の凍結をすばやく溶かすため。日中の水かけは、冬の乾燥した空気にさらされて乾いた水分を補うため。日が落ちかけたら、最後の止め水。この水分が、内部に形成されつつある微細な空洞に沁みこみ、夜中に氷点下になるにつれ凍結、霜が降りた状態になる。夜が明けると、今度は少しずつ気温が上がり、日中にふたたび溶ける……この繰り返しを経るうち、無数の空気孔が形成され、しだいに多孔質のスポンジ化が進むことによって凍みこんにゃくに近づいてゆく。

「十二月から二月までの三ヶ月間、一日も気が抜けないです。家も空けられない。天気とにらめっこして水かげんを微調整しないと、いっぺんにだいなしになってしまうからね」

ようやく塩梅がつかめたのは、凍みこんにゃくづくりに挑戦しはじめて五年が過ぎたころだった。アイディアが浮かべば、果敢に試してきた。田んぼに三十センチの厚さに敷きつめる藁を金網に変えてみたこともあるけれど、乾燥しすぎて極端に薄くなり、大失敗。でも、失敗を通じて、適度な水分を吸収する藁は保水力を備えた重要な道具であることに気づかされた。江戸期から三百年つづいた食品づくりの伝統は、やっぱり理にかなっている。身をもって学んだ収穫だった。

よしゑさんが、こっそり教えてくれた。

「うちの〝博士〟って呼んでるの。ああでもないこうでもない、いつも研究してる博士さま（笑）。道具もね、自分で工夫していろいろつくってしまうの」

とはいえ、よしゑさんには、八十代を迎えた夫の身体が心配でならない。凍みこんにゃくの出来を思えば、寒いほうがいい。しかし、身体にはこたえる。


無農薬米を作った田んぼ2反に藁を敷いて踏みしめ、日に5000枚のこんにゃくを敷き並べる。夜に凍結、昼間に解凍・乾燥を繰り返し、5日目に裏返す。ひと冬に2回、1年で10万枚の凍みこんにゃくをつくる。

「私にとっても自分の仕事なのだから、やるからにはいいものをつくりたいと思ってます。とにかく冬は複雑な気持ち。朝起きれば、晩にちゃんと凍ったかしらと心配だし、昼間に陽が射さなければ凍りっ放しでだめになるし、毎日気を揉んでばかり」

無理せず、すこしずつ凍みこんにゃくをつくる量を減らしてほしいと内心思うけれど、同じつくり手として、利さんの気持ちもよくわかる。よしゑさんにとって、冬場は、老いを実感しながら夫を気遣うばかりの日々である。

ところで、凍みこんにゃくは最初の寒さが肝心だ。第一夜にきちんと凍らなければ、すぐ乾き上がってしまい、そのあとどんなに手当しても膨張させることができないんです、と利さんが言う。だから、田んぼに出す第一日めの朝が運命の分かれ道。

「天気予報をよく見て、よしこれなら十分気温が下がる、行けると判断したら、朝六時に起きて準備し、八時ごろから一枚ずつ手でこんにゃくを並べはじめます。一日に並べるのは五～六千枚、これを十日間つづけ、水も撒きつづける。五日めになったら裏返します」

息を飲む。最初に並べるのも、途中で裏返すのも、すべて手作業なのだ。じっさいに裏返す様子を見て、またうろたえる。一枚ずつ裏返しつつ、左から右へ移動させてゆく。端が重なってしまうとまんべんなく乾燥せず、ゆがんだり反ったりしてしまう。すきまが空けば、作業する面積が広がって動きにむだがでるから、効率よく、ぴっちり並べなければ。

「吹きっさらしの田んぼで長時間作業するでしょう、三十分も過ぎると手がかじかんで感覚が失くなってくる。だから、湯を張ったバケツをそばに置いて、手を温めながら作業するんです」

もたもたしていると乾き具合に差が出るから、手伝いのひとも頼んでそれっと一斉に田んぼに出て、ひたすら裏返す。

数時間のち、ようやく一面すべて裏返し終わった。すると、そこに現れたのはひとの横幅ひとつ分、一本の細い藁の道。左右には、見渡すかぎり白いモザイク模様が真冬の陽射しを浴びながら連なっている。むきだしの藁の黄金色が地面に描くやわらかな一本の線、期せずして生まれたうつくしさに見とれた。風、太陽の光、ひとの手、三つによって描きだされた線はアートそのものだった。

二ヶ月半後。冬晴れの二月初旬、空っ風の強い日に水府村を訪ねた。利さんに電話をしてみると、年末に並べたぶんがそろそろできあがりますよ、とのことだった。藁の道の左右に広がっていた白いモザイク模様がどんな様子に変わっているのか、想像もつかないまま、利さんといっしょに家の外に回った。

「今年はいい具合に風が吹いて冷えましたから、なかなかの出来具合だと思います」

利さんの言葉を聞き、ほっと胸をなでおろしながら家の裏手の田んぼと向き合った。

あれっ。

きょとんとしてあたりを見回した。

ない。びっしり連なっていたのに、見えるのはむきだしの藁の下敷きばかり。凍みこんにゃくは、どこ？　きつねにつままれた気分できょろきょろすると、おや藁のうえに一枚、二枚、三枚……目が馴れてくると、そこにもここにも。かさかさに乾き切った四角いものが野放図に吹き散らかっている。

これが凍みこんにゃくなのだ。凍って、乾いて、また凍って、ぎりぎり極限まで乾き切った凍みこんにゃく。地道な日々を重ね、ついに鳥の羽のような軽さに達したのだ。

一陣の寒風がびゅっと吹いた。すると、鳥の羽がいっせいに吹き上がり、藁を離れて、花吹雪のように高く宙に浮かんだ。二月の澄み切った青空のもと、ひゅうんひゅうん、軽やかに飛び跳ねる白。

久慈の気候風土から生まれた凍みこんにゃくを祝福する光景に、なぜか目頭が熱くなった。よしゑさんが、自分の背中より大きな竹籠をひょいと背負い、ちいさなからだを弾ませるようにして田んぼに出て、一枚ずつ拾い集めはじめる。

丹精した凍みこんにゃくをたくさんのひとに味わってもらいたい。ふたりは、地元の催事にもでかけ、実演販売をする。煮もの、きんぴら、いろいろ考えて、いま一番人気があるのが衣をつけて揚げたフライだ。

「味をしっかりつけると、すごくおいしいの。水で戻してきりっと絞って、沸騰したお湯でゆがいて、また絞ってから醤油とみりんとお酒で煮染める。そのつゆを粉と卵に混ぜて衣をつくってフライにしたり、カレー味にしてみたり、天ぷらもおいしいの。若いひとなら、もっといろいろできるのでしょうけれど」

はにかみながらごちそうしてくださった中嶋夫妻の凍みこんにゃくのフライ。しっかり嚙みしめると、じゅぶじゅぶーっと煮汁のうまみがほとばしった。こりこり、きゅっきゅっ、勢いのいい弾力を返してくる独特の歯ごたえは日本でただひとつ、凍みこんにゃくだけの贈りものだ。

中嶋商店

〒313-0351
茨城県常陸太田市天下野町6077
Tel 0294-85-1436　Fax 0294-85-1771
http://www.ne.jp/asahi/nakajima/shimikon/
上記ホームページまたは道の駅などで販売。

凍みこんにゃく

12枚入り　1080円
40枚入り　3240円
ほかに、さしみこんにゃく、きな粉、麦こがしなどの商品も販売している。

よしゑさんが幼い頃から慣れ親しんだ煮染めのほか、フライ、きんぴら、炊き込みおこわなど新しい味の工夫を重ねてきた。凍みこんにゃくを使ったレシピは、息子さんの手になるパンフレットやホームページでも紹介している。

人形町「㐂寿司」

江戸前の鮨

五月二十七日、夜七時。人形町「㐂寿司」の暖簾をくぐる。大正十二年創業、江戸前の鮨をいまに伝えるこの店は、かつて芸者置屋だったという仕舞屋である。それにしても三代目主人、油井隆一さんの様子のよいこと。「㐂寿司」の引き戸をがらりと開けるたび、絵になるひとだなあと思う。

清々しい白木のカウンターにつく。今夜はまず、あおり烏賊とオクラの和えものの小鉢。刺身は旬の鰹、真子がれい。むっちりと重厚感のある鮪の血合いの照り焼きが続き、いよいよ鮨のはじまり。

鮪赤身（佐渡）

鯛（宮津）

鮪中とろ（佐渡）鞍掛

あおり烏賊（淡路島）

鰺（宇和島）

雲丹（北海道）
穴子（羽田沖）塩
穴子（羽田沖）ツメ
干瓢巻き
おぼろ　市松

江戸前の手のこんだ仕事が生かされた鮨の数々。たとえば中とろの「鞍掛」とは、鮪を馬の鞍のような形に掛けた「㐂寿司」ならではの仕事である。ふっくらと煮上がった穴子も昔ながらの煮方を守る。締めくくりのおぼろは芝海老、卵の黄身、二種類のおぼろを使い、市松模様に配して供する。さりげなく見えるが、おいそれとは真似のできない、いや、真似をしようとしてもなまなかな修練では叶わない伝統芸の世界。それでいて、気取りや緊張感とは無縁、店の空気は朗らかでざっかけない。

江戸前の鮨の祖とされる両国「與兵衛ずし」の仕事を現在に伝える店である。油井さんの祖父、つまり初代の喜太郎が「與兵衛ずし」の流れを汲んで明治後半に薬研堀で店を開き、二代目の父、貫一が人形町に開業、それを三代目の孫が引き継いだ。たとえば代々伝わる「烏賊の印籠詰め」は日本画家、川端玉章が描いた明治十年ごろの「與兵衛ずし」十五種類の鮨の画にも描かれている。この独特の鮨は、刻んだ干瓢や生姜、擂り柚子、海苔を混ぜこんだ寿司飯を煮烏賊のなかに詰め、ツメをとろりとひと塗りしたもの。または、よそでは味わえない「ひよっこ」は初代が考案した仕事で、半分に切ったゆで卵の白身のなかに黄身おぼろを射込む珍しいもの。ほかにも手綱巻き、干瓢巻き、手間ひまかかったこまやかな仕事がさりげなく披露される。

「僕は、こういううちに生まれて、ずっと教わってきた古い仕事が自然に身についている。それをうちのお店のひとたちや若いお鮨屋さんにも伝えていきたいですね。新しい仕事は、情報があればいくらでもできる。でも、古い仕事というのは、わざわざ掘り起こさなければ知ることができないし、身につけられません」

だから、なんでも惜しまず教える。店に同業者が食べに来ても、聞かれれば仕事の要諦でもあっさり話す。それは鮨そのものに貢献したいという油井さんの誠意だが、と同時に「やれるものならどうぞ」。強烈な自負と自信の裏返しでもある。

「それこそ江戸時代は、いろんなお鮨屋さんが個性のつよい仕事を切磋琢磨してやっていたのだと思います。仲間うちで助け合いながら、いっぽう『俺は俺だい』という見栄があるのもとうぜん」

ただ漫然と受け継ぐだけでは、守りたいものは守れない——油井さんの真情は、自身の境遇から滲みでたものだ。母の急死や店の事情が重なって父に呼び戻され、三十そこそこで店を継ぐことになったが、小学校から大学まで立教ボーイ。将来は洋食の道に進む夢を描いて、東京會舘に就職した。しかし、家業を背負って立つことになったとき、腹を括った。それまで握ったことのない鮨を握るために左利きを直し、父について河岸(かし)での仕入れや江戸前の仕事を基本から猛勉強し、簿記をがむしゃらに学んで帳場をこなせるように自分を鍛えた。世間は「東京の名店」「江戸前の貴重な仕事」などと評するけれど、油井さんがけっして名前にあぐらをかかないのは、「㐂寿司」を継承するために力を振り絞った臥薪嘗胆の季節があったからに違いない。

さて、かんじんの江戸前の仕事の中身である。油井さんが築地で仕入れる魚の質のよさはいうまでもないが、ただ最高級の魚を寿司飯にのせるだけでは鮨にはならない。ひとつひとつの魚に手間を惜しまず、技をほどこして初めて江戸前の本流をゆく鮨を名乗れる。「㐂寿司」の仕事ぶりを知るにつけ、そのきめこまやかさに驚かされる。

「光りもの」の代表格、こはだは腕のみせどころ。塩と酢を巧みに塩梅して〆るわけだが、なかでも

「㐂寿司」につたわる江戸前の仕事の数々。(上)海老とこはだの手綱巻き。海老と酢で〆た光りものが交互に並んで美しく、しのばせた海老おぼろがほの甘い。季節によってこはだの代わりに小鯛、さよりなど。(中)左から鞍掛、ひよっこ、おぼろのにぎり。(下)烏賊の印籠詰め。煮いかと具をまぜた寿司飯でめりはりを効かせた、おつな一品。

七月中旬から出回りはじめる生後四ヶ月までのこはだの幼魚、新子（しんこ）の扱いには熟練が求められる。全長五〜六センチ、ごくちいさな身を開いて氷で締め、塩を振った竹ざるに並べ、高い位置からまんべんなく振り塩をする。油井さんが魚を軽くくちびるに当てて塩の加減をみるのは、自分の感覚が数値より確かということ。水分と脂がうっすら浮かんできたら水洗いし、そののち酢洗い。合わせ酢に数分浸してから引き上げ、冷蔵庫で寝かせる……ちいさな新子を相手に、段階を踏んだ繊細な手順の数々がある。二、三尾付けにして握った新子の鮨の艶っぽい姿ときたら。

季節が移るごと、旬の魚それぞれに鮨の仕事の中身は変わる。たとえば晩春にはきすの昆布〆。三枚におろしたきすを生酢にさっとくぐらせ、酒で拭いた昆布に挟んで〆てうまみと透明感を引き出す。ただし、おなじ白身でも、さよりを昆布〆にしないのは、ふわりと淡い味わいを生かしたいから。そのまま握っておぼろをかませるなど、独自のおいしさを追う。ちなみに、おぼろを挟んだり載せたりするのは、さより、かすご、車海老（おぼろの仕事については、のちほどくわしく触れる）。江戸前の仕事を守るとはいえ、なにも規則があるわけではない。味というものは、手がける者しだいだとつくづく感じるのは、油井さんがなにげなく口にするこんな言葉を聞くときだ。

「春が近づいても、まだ肌寒い日があります。そういうとき魚におぼろをすこしかませると、ほのかな春のぬくもりを感じてほっとなごんでいただけるように思うんです」

いくら仕事がていねいでも、職人のひとりよがりでは、ほんとうには届かない。ただおいしいだけでも、響かない。鮨という食べものの魅力のひとつは、味わううち、ひとをやわらかな境地に導くところだと思う。その機微が、「㐂寿司」のおいしさには備わっている。

春の幕開けを告げるのは貝類。これもまた、貝それぞれに仕事の内容が違う。小柱（青柳の貝柱）は、一個ずつ周囲の筋を手で取り除く。とり貝は肉厚で切れのよい歯ごたえの愛知のものを選び、あらかじめ甘酢で洗う。みる貝は愛知か東京湾のもの。色をあざやかに仕上げるため、さっと湯通ししてから隠し包丁を入れる。

「包丁をどこにどう入れるか、これも職人の感覚ひとつです。歯ごたえだけでなく、食べやすさも大事なことだと思います。切りかたの大きさや厚さによっても味わいは変わりますから」

ひとつの鮨の佇まいに職人の技術、美意識、すべてが見てとれる。

さあ、初夏ともなれば羽田沖のいい穴子の出番がやってくる。穴子は江戸前の鮨の看板だから、いっそう気合いが入る。開いてから手早く塩でもみ、タワシで表皮をしごいてぬめりを除き、丹念に掃除をする。ここで手間を省くと、皮に白い皮膜ができて臭みが残ってしまう。下ごしらえを終えた穴子は、竹で編んだ引きざるに入れ、酒、醤油、砂糖を合わせた煮汁でことこと煮る。煮上がりのタイミングはどう測るのですか、と油井さんに聞くと、

「自分で時間を見つけます。でも、三分違ってもだめ。いくらふっくらといっても、軟らかすぎてもいけない。羽田沖だったらこのくらい、というふうに目で測った目安が頼りです」

そもそも鮨は、乳酸発酵した馴れずしからはじまり、文化文政時代（一八〇四〜三〇年）には早ずし、つまり握りずしが江戸で発祥、しだいに上方まで広まっていった。当初、鮨は屋台や行商などで売られたが、長い歴史のなかでしだいに現在のかたちに定まった。油井さんの言葉を聞きながらつくづく思うのは、鮨のおいしさとは、鮨の歴史に連なってきた職人たちがさかんに積んだ研鑽のたまものだということ。

ただ、近年になって自然環境の変化は著しく、産地も時期も魚の味わいも激変している。油井さんの頭のなかには四十数年におよぶ経験が培った綿密な魚地図が広がっているが、たとえばあわびの大きさ、気に入りの東京湾の穴子の獲れ高、年々状況が変わっている。河岸に昨日あったものが、今日

新子の酢〆
おぼろ
煮あなご
きすの昆布〆

江戸前の鮨には、煮る、塩、酢、昆布で〆る、などの仕事が欠かせない。主人の油井隆一さんは、味にぶれがないか入念に確かめる。

もあるとは限らない。おなじ日本でも、東京と九州ではおおむね二ヶ月も旬に差がある。柔軟に仕入れを手当しなければ、てきめんに営業にはねかえる。鮨を通じて、おのずと自然と直面しているのだ。

しかし、「㐂寿司」で仕事をはじめて十六年、長男、一浩さんの言葉が心づよい。

「魚のよしあしだけ言ってもだめなんじゃないかと思います。見極めて、そこに対処した仕事をほどこす。つまり良くして売る」

これが江戸前の鮨の仕事の精神だろう。素材を選び、技をほどこし、思わず唸らせるうまい鮨に仕立てる。お客の満足な顔を見て、してやったり。職人とは、思考と鍛錬を手の動きに結実させるひとである。また、「味わう」という行為を通して伝統文化に招き入れる役割も果たす。

江戸前の鮨が成立したのは江戸文政年間（一八一八〜三〇年）、かつて鮨屋の形態が屋台だったころはおにぎりのように大きかったが、しだいに「つまむ」ものになり、保存食として〆たり煮たり、工夫を凝らした鮨が主流になっていった。だから「㐂寿司」の仕事も多岐にわたり、江戸前の鮨を握るための仕事に追われる。

ある日。煮はまぐりをつくる。はまぐり四十個をひとつずつ手で洗い、身を傷つけないよう、水管をしごいてひとつぶの砂も残さない下仕事からして、こまかい。串に刺して流水で振り洗いしたのち、熱湯でゆでる。このとき取っただし汁に酒、醤油、砂糖をくわえて漬けつゆをこしらえ、冷ましたはまぐりを漬け込み、ひと晩置いて味を染み込ませる。

ある日。玉子焼きをつくる。年季の入った焼き器をガス台に二台並べ、それぞれ卵十二個、摺り下ろした芝海老や大和芋をくわえてじっくりと焼く。焼きかたにも表裏があり、比重の重い裏は七分、表は三〜四分焼く。

ある日。二ヶ月に一度、二日がかりで仕込む穴子のツメをつくる。主役は、三百尾ほどの穴子の頭と骨。いったん大鍋に入れて湯通しして脂を落とし、ざるにあげてヌルを取る煩雑な工程が、あのとろりと濃厚なツメのための第一歩である。昆布とかつおぶしを入れた大鍋で煮ること二時間、いったん漉してから野菜をくわえ、あらたに醬油をさして煮るのは夜中まで約四時間。さらに二日目、昼過ぎまで三時間ほど細い火にかけてとろとろ煮詰め、艶やかな照りと香りをまとうツメが誕生する。こうして誂えものの漆の蓋付き箱におさめ、穴子の鮨、烏賊の印籠詰めなど江戸前の仕事に欠かせない脇役とする。

「こうしたこまかい仕事は身体で覚えないとだめですね。親父の口ぐせは『一を聞いて十を知れ』でした。ひとつのことだけやっていればいいのなら、ただの鮨です」

油井さんは、いまの鮨は「鮮度のよさに頼りすぎではないか」と警鐘を鳴らす。

「流通が発達して、いつでも鮮度のいいもの、生のものが手に入るようになりました。どうもそこに

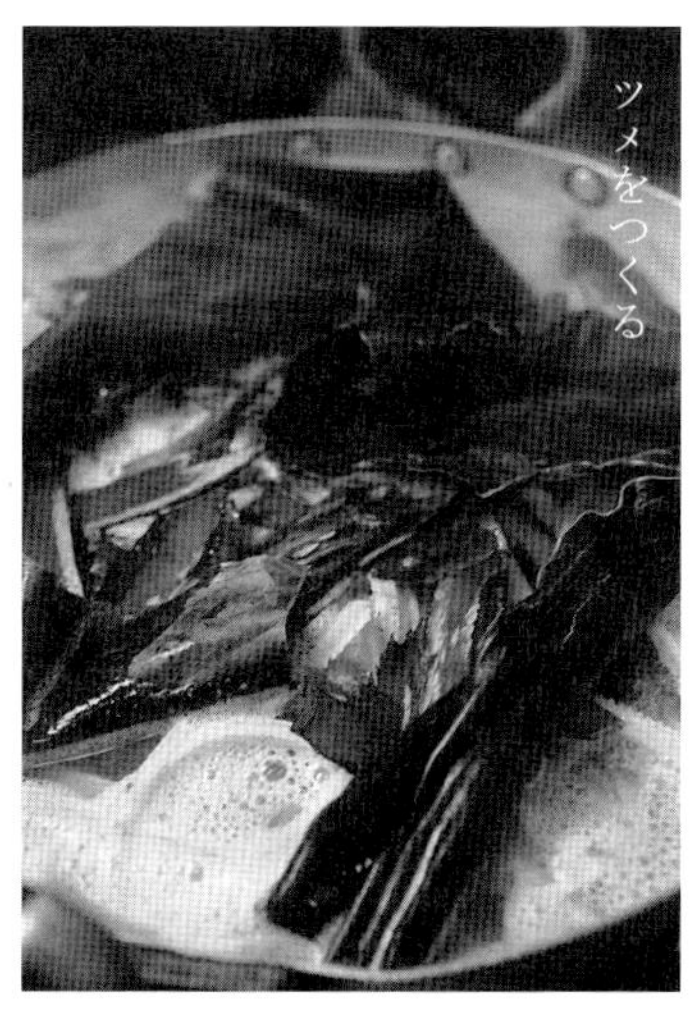

（上）穴子の頭と骨、昆布と削り節を合わせてとっただし汁に、野菜、醬油を加え、ゆっくり煮詰めると、艶やかなツメが仕上がる。（下）はまぐりを茹で、このだし汁に酒、醬油、砂糖を加えたつゆに、はまぐりの身を漬け込む。手間を惜しまない仕事から江戸前の煮はまぐりの味が生まれる。

上段左から、とり貝、小柱、みる貝、下段左から、さより、初がつお、かすご(小鯛)。貝類はうま味を増し、さよりに仕込んだ海老のおぼろのほのかな甘みが艶っぽい。

上段左から、星がれい、新子、すずき、鯵、下段は活あわび、あなご、蒸しあわび。キレ味のよい光もの、きめ細やかなあわび、ふっくらした煮あなご、蒸しあわび、取り合わせの妙に唸る。

秋

上段左から、かつお、鯛、海老、かんぱち、下段左より、おぼろ茶巾絞り、〆鯖、生のいくら、墨烏賊。秋の魚は日ごとに脂が乗り、存在感を増してゆく。墨烏賊もむっちりと身が厚い。

冬

上段左から、鮪、ひらめ、かじき。下段左から、ぶり、こはだ、煮はまぐり。暮れから3月の時期、透き通るように脂が乗るかじきは、ぜひ 味わっておきたい季節の味のひとつ。

胡座（あぐら）をかき過ぎているように思います」

　魚の仕入れに終始するから、「よりおいしくするための仕事」が抜け落ちる。それでは鮨の文化は停滞するというのが一貫した考えだ。

「お鮨は、喉を通るときにいっしょになって落ちていってほしい。でも、鮮度のいい魚はごはんだけ下に降りてしまい、まだ口のなかに活きのいい身が消化しきれないで残る。それは一番バッのわるい仕事だと僕は思っています。お鮨にはやっぱり一体化が欲しいのです」

　魚の鮮度に逃げず、自分の裁量でおいしく仕立てる。それが江戸前の仕事のおもしろみの核心だ。

また、ある日。「㐂寿司」の大看板、おぼろをつくる一部始終に立ち合った。

　おぼろの鮨は、一度味わうと忘れられない。きゅっと布巾で絞って椿の花に見立てた薄桃色のおぼろ、花芯にはちょこんと黄身おぼろ、その一輪の風情のよいこと。鮨飯ひとつぶひとつぶをしっとりとくるむ馥郁とした味わいが艶っぽい。

　芝海老からつくるおぼろは古くから引き継がれてきた稀少な仕事である。一度につくる量もキロ単位、まず芝海老の背わたや卵を除き、水から茹でるところから始める。鍋から上げ水をかけて身を締め、昔ながらの手回しのミキサーでゆっくり挽くのだが、繰り返すこと五回。一回挽くごとにきめがこまかく、しっとりと変化してゆく。

「おぼろの鮨は脇役であって、脇役じゃない。主役が張れるほど位が高い鮨です。芝海老が獲れないときはカワハギ、カワハギも獲れなくなる冬場には、ヒゲダラを使います。こうした臨機応変の仕事も先代から引き継ぎました」

　昔は、平目や鯛をおぼろにするときは手拭いでつくった袋に入れてごしごしごきながら魚の脂を取ったもんです。そんな余話もまた、おぼろを通して知る江戸前の鮨の歴史の一端である。

挽き終えた柔らかなひとかたまりをさらにすり鉢で摺り、今度は鋳物の大鍋で煮切っておいたみりんと合わせ、木杓子で練りながら仕上げてゆく。途中で入れる砂糖は、やっぱり目分量。仕上がり近く、味をみる油井さんの表情にぴりりと緊張感が走る。一瞬で見定めるのは、三代にわたって培われてきた「㐂寿司」の味だ。

ただし、その仕事ぶりには、ほどのよい鷹揚さも備わっていることを指摘しておきたい。分量、火の入れ具合、甘さ辛さの塩梅(あんばい)。それぞれに基準を問うてみると「うーんそのときの加減なんだよねえ」。しかし、はぐらかしているのでも隠しているわけでもなく、いってみれば、相手の状態に合わせつつ、油井さんにとって自分の味の範囲に引きこむ奥行き、つまり手練手管なのだ。

「ひとつのお店で、十のうち八くらいおいしければいいんじゃないかな。きりきりやってしまうと、味にも店の空気にもゆとりがなくなる。長年やっていると、神経を尖らせてきっちりやらなきゃならないところ、かえってアバウトにやったほうがいいところ、そのバランスがわかってきます」

先を急いでしまうと、自身のなかに培われたものが少ないときは、息切れしてあとが続かなくなる。年齢を重ねると、逆に仕事に飽きてしまうんじゃないかと思う、という油井さんの率直な言葉に、現在の鮨の仕事にたいする危惧を感じる。むかしは、ものごとがもっとゆっくりしていた。一軒か二軒でじっくり修業し、さまざまな仕事を身につけたのち五十近くになって自分の店を持つ、そのくらいのゆったり着実な歩きかた。じわじわと身体に沁みこませて覚えこんだ仕事は、のちになって汲んでも尽きせぬ泉となる——長年の体験から導きだされた「職人」論だ。

ある日。ちょうど干瓢を煮含める仕事がはじまった。まとめてつくるという。これと決めている茨城県産の薄くて幅の広い干瓢を、醬油とざらめ砂糖を基本にしてふっくら煮上げる。甘みも醬油の風味もつよい濃い色、さくっと歯切れのいい干瓢巻きは「父親からもらったままの昔の味」。締めくくりはやっぱりこれでなくちゃ、とお客に言わしめる味がきっちりと満足感をあたえて余韻を残す。干瓢巻きひとつ、ちゃんとお客を呼んでいる。

さて、鮨屋に足を運ぶもうひとつの楽しみは、カウンターをはさんで眺める職人さんの手さばき、動き、立ち居振る舞い。そこには歌舞伎にも相通じるような一種の「型」があり、修練によって鍛えられた個性がある。

「どんな注文に対しても、なにげなく、さりげなくやらないといけない。それが鮨屋の立ち居振る舞いです。どうしようなんて考えていたら仕事にならない。やるんだったら、失敗を恐れずどーんとやる。僕はそう教わりました」

そのなかから生まれた仕事もある。たとえば、玉子焼きを鞍掛に握る鮨。油井さんがお客に「小板（かまぼこ）を握ってくれ」と無茶を言われ、突っ張ったかまぼこが飯にのるよう、とっさに包丁を楔に入れて握ったのが発端だという。遊びごころが垣間みえるのも、江戸前の鮨の愛嬌か。玉子の仕事「ひよっこ」にしても、卵が貴重な時代に考案され

職人のすっきりと背筋ののびた立ち居のうつくしさも、㐂寿司の風通しのよい空気をつくる。右頁は太巻きとばらちらしの折。太巻きは佐賀の焼き海苔を備長炭で追い焼きして使う。ばらちらしは、寿司飯に刻み生姜、干瓢、海苔を混ぜこみ、かまぼこ、穴子、烏賊などの煮もの、ひらまさ、鱸、鮪など生ものをわさび醤油でよごして散らす。光りもの、海老、絹さや、彩り豊か。

人形町
㐂寿司
㐂寿司

たもの。半分に切ったゆで卵の白身に黄身とおぼろを射込んだ変わり鮨がつけ台に置かれると、思わず「わあ」と声がでる可愛らしさだ。そのほか、丸ごとの烏賊に干瓢や生姜、海苔などを混ぜこんだ柚子の香りの寿司飯を詰めた「烏賊の印籠詰め」、海老と光りものを手綱のように交互に組み合わせて巻く「手綱巻き」など、手の込んだ、ほかでは真似のできない仕事がさらりと出てくる格好のよさ。ちゃきっと鯔背(いなせ)で、ほんのり艶がある。

秋を迎えると、油井さんが魚を語る言葉はいっそう緻密になってくる。「今年は海水の温度が上がるのが早いから、脂が乗っているのに鮪の赤身の味はしっかりしていない」「かんぱちは千葉の房総と伊豆七島の天然もの、仕入れてから三、四日目がおいしくなるので自分のところで熟成させる」「今日仕入れた青森の鯖は、定置網で獲ったものだが身が締まっている。おととしは沼津、去年は三陸の鯖がよかった」「十二月から三月のかじき、それもよそではあまり扱わない胸からおへそにかけての部位『ハラモ』がすばらしい」……「うまい」とお客に唸ってもらうために、知識と経験を注ぎこむ。

「やっぱり真面目、誠意だけしかないんじゃないでしょうか。一本気とはまた違う、こつこつやっていく誠意がすべてだと思っています」

三代続く老舗を預かる油井さんの言葉は、いつも実直だ。支店もださず、店を拡げもせず、人形町に根づいた一軒の味を守るために家族経営を貫いてきた。現在、付け場には一浩さん、厚二さん、ふたりの息子が日々いっしょに立ち、帳場を妻の照子さんが預かる。信頼の絆に支えられているからこそ、みな腰を落ち着けて質の高い仕事に集中できる。さらには、全員が胸にネームプレートをつけて臨むのも、下仕事をいつでも引き受けるのも、仕事に全責任を持つという意思の表明なのだった。

「よそのひとには、あんなの冗談じゃない、手間も時間もかかってしょうがないと言われちゃうかもしれませんが、今やっているのがうちの仕事です」

手に、日々の仕事。「㐂寿司」が人形町で伝えてきた江戸前の鮨の味わいを支えているのは、日本の職人の美徳である。

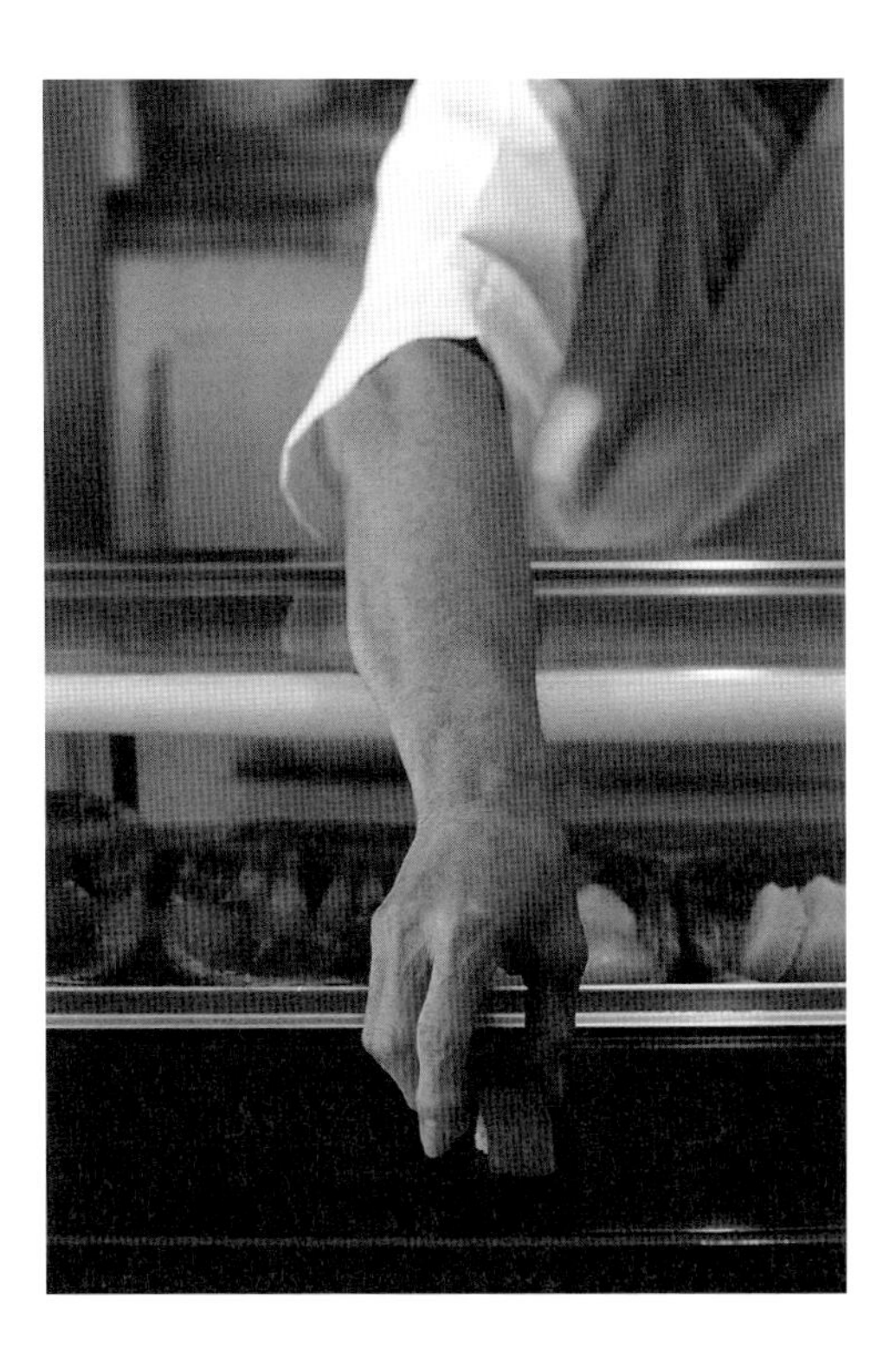

㐂寿司

東京都中央区日本橋人形町2-7-13
Tel 03-3666-1682　Fax 03-3666-1600
営業　平日11時45分〜14時30分
17時〜21時30分　土曜11時45分〜21時
定休日　日曜・祭日

お品書き

にぎり　3500円／5000円
にぎり8種類・巻物3切　3500円／5000円（昼）
にぎり6種類・巻物1本　5000円（夜）
ちらし　3500円
バラちらし　3500円
おまかせにぎり11種類　10000円

あとがき

おいしさは今日も進化している

ちらりと目にした光景、ふと耳にしたさりげない言葉がずっと忘れられないことがある。

本書の取材は、つねにその連続だった。在来線の電車や新幹線、飛行機、ときには船を乗り継いで出かけてゆくと、わざわざ書くのも憚られるくらい当然のことだけれど、そこでは土地に暮らす人々が日々の生活を営んでいらっしゃる。行くさきざきの土地の匂いを嗅ぐたびにはっとさせられ、緊張や驚きの感情からなかなか自由になれなかった。取材を重ねれば重ねるほど、気候風土、土地の歴史や文化、人々の気質、暮らし、あらゆる要素が複雑精妙に合わさりながら「すごい味」が生まれていると気づかされ、そののち忘れられなくなる光景や言葉はとかく間隙を突いて飛来するので、気を抜いてはいられない。ただし、その場で衝撃を受けることもあったが、帰路についてからはっとさせられ、その意味を嚙み分けるときも多かった。

いわしの焼き干しの取材のため、青森の津軽半島、平舘村を訪ねたときのこと。翌日は夜明け前に船を出すという古参の漁師に「晴れるといいですね」。何気なく声を掛けると、目の表情がすっと変わって西の方角を見やり、「空があの色だもんで心配いらん」。経験と勘と知識が、板子一枚の海の仕事を支えている。あるいは「五代目　野田岩」店主、八十代の金本兼次郎さんが鰻を割く手つき。包丁の動きはゴルフのスイングか、円月殺法か。見えるはずのない弧の線が、視覚に刺さった。火傷をするほどの炭火の熱を浴びながら鰻の串の表裏をくるり、くるりと返し、金本さんは言った。

「鰻を焼くのがとても楽しいんです。ひと串ずつぜんぶ違うから、時間を忘れて夢中になります」

いくら歳月を重ねても停滞しないのは、だからなのだと思った。「楽しい」からこそ、日々の工夫があり、未知の発見がある。変わらないわけがない。もし変わらないように見えるとすれば、それはひそかに進化を重ねている証だ。そうでなければ、時代とともにうつろいがちな味覚を長らく魅了し、摑まえることはできないのではないか。

「でも、おれがつくったんじゃない」

なまこ名人と異名をとる能登の森川仁久郎さんは、長い箸をちょいちょいと差配しながらくちこを干し、飄々とした口ぶりだった。

「表面張力と地球の重力がおさめてくれる形なんです。それに負けずに、こっちが思い描いた通りの形になってくれるのが理想なんだよね」

あるところでは的確に見極める。あるところでは鷹揚に委ねる。自然の産物、あるいは「味」という天然自然を相手にするひとにしか言えない言葉だと思う。

または、「㐂寿司」油井隆一さんのこの言葉。

「きりきりやってしまうと、味にも店の空気にもゆとりがなくなる。長年やっていると、神経を尖らせてきっちりやらなきゃならないところ、かえってアバウトにやったほうがいいところ、そのバランスがわかってきます」

食べれば消える味に「おいしさ」という価値をみずから生み出そうとするとき、そこにはたぶん、人智

します。

を超えたおおきな力が働いている。「すごい味」には、目に見えない、かたちにならない、何事かがおわ

快く取材に応じてくださった方々にあらためて感謝と敬意を申し述べたい。惜しみなく見せ、語るということは、自信のみならず、誠意と謙虚さそのものによるものだと学ばせていただいた。本書が貴重なお仕事の一端を伝えていますように、とただ祈るばかりだ。

テーマ立案は出版企画部、嶋津真砂子さんとともに入念におこなった。嶋津さんは全取材に同行、取材先との交渉から取材後のやりとりに至るまで片腕となって支えていただき、その助力がなければ本書は到底生まれなかった。また、「おいしさ」を鮮烈に捉えて下さった写真家の方々、雑誌連載時から書籍化までデザインを担当して下さった島田隆さん、あらためて、本書は多くの方々のお力の結晶だという思いが湧いてくる。

金沢・大聖寺の鴨猟師、池田豊隆さんの鮮烈な言葉をあらためて記したい。

「アタマのいい鴨はうまい」

「すごい味」を介して、私たちは自然といのちの関係を結び合っている。

二〇一七年　秋　著者

【初出について】
本書は季刊誌『考える人』2008年夏号～2016年夏号に掲載された連載「日本のすごい味」に加筆・改稿しています。本文中、とくに言及なき場合、登場される方々の年齢、ご発言は下記に示す取材・掲載時のものです。店舗・商品については現在の情報に改訂しています。

東京都淡路町「近江屋洋菓子店」いちごのショートケーキ　2008年10月　撮影／日置武晴

東京都中目黒「聖林館」　ピッツァ　2012年7月　撮影／日置武晴

北海道江別市「杉本農産」アスパラガス　2010年7月　撮影／消忠之

新潟県長岡市「昆沙門堂本舗」栃尾のあぶらげ　2015年1月　撮影／広瀬貴子

岩手県久慈市、宮古市「三陸鉄道」駅弁　2014年7月　撮影／日置武晴

秋田県鹿角市「秋田県畜産農協鹿角支所」日本短角種 かづの牛　2015年10月　撮影／日置武晴

北海道帯広市「六花亭」マルセイバターサンド　2012年10月　撮影／菅野健児（新潮社）

東京都芝麻布飯倉「五代目 野田岩」鰻蒲焼き　2013年10月　撮影／川上尚見

青森県津軽・外ヶ浜町「ヤマキ木浪海産」いわしの焼き干し　2011年1月　撮影／菅野健児（新潮社）

秋田県男鹿半島「諸井醸造」しょっつる　2012年4月　撮影／日置武晴

石川県能登・穴水町「森川仁右ヱ門商店」くちこ　2010年4月　撮影／日置武晴

石川県加賀市「ばん亭」　鴨 治部鍋　2013年4月　撮影／川上尚見

東京都新橋「鮎正」　鮎 塩焼き　2009年7月　撮影／日置武晴

茨城県天下野町「中嶋商店」凍みこんにゃく　2010年1月　撮影／消忠之

東京都人形町「㐂寿司」江戸前の鮨　2011年7月、10月　撮影／日置武晴

●六花亭

マルセイバターサンド　4個入　500円
商品、詰合せ多種あり。HPでお選びいただくか、お問い合わせください。
Tel 0120-12-6666（9時〜18時、年中無休）／Fax　0120−504−666
税込、送料別。お電話・Faxでのご注文も承っております。
あらかじめ、カタログをお取り寄せいただくと便利です。
ヤマト運輸のDM便にて１週間程度でお届けいたします。

●ヤマキ木浪海産

いわしの焼き干し　300ｇ2000円　500ｇ3000円
Tel 0174-25-2649　Fax0174-25-2425
税込、送料別。年によってカタクチ、マイワシの獲れ具合がちがうため、
電話にてお問い合わせください。

●諸井醸造

秋田しょっつる　ハタハタ100%（130g）756円
しょっつる十年熟仙（200ml）3240円
ほか醤油、味噌、漬物など。
Tel 0185-24-3597（8時〜17時）Fax 0185-23-3161
税込、送料別。ご注文は電話・Fax・インターネット・Eメールで受付けております。

●森川仁右ヱ門商店

くちこ　大　5000円　小　2000円
このわた　80ｇ瓶入り　3000円
〒927-0016鳳珠郡穴水町中居南2-112
Tel 0768-56-1013（8時〜20時）／Fax 0768-56-1013
税・送料別。ご注文は電話、Fax、郵便でも承ります。
お支払いは郵便振替のほか、代金引き換え便もあります。
このわたは通年取扱い、くちこはなくなり次第終了です。

●ばん亭

鴨鍋セット　3人前　14580 円　5人前　24300 円
鴨肉（真鴨）、野菜、豆腐、生わさび、だし
電話　0761-73-0141
税込、送料別（クール便）。賞味期限は冷蔵保存１日です。
真鴨の猟期は11月15日から2月15日の3ヵ月間なので、
品物があるかどうかお問い合わせください。

●中嶋商店

凍みこんにゃく　40枚　3240円、12枚　1080円
Tel 0294-85-1436
税・送料別。ご注文は電話、Fax、郵便、インターネットで承ります。
お支払いは郵便振替のほか、代金引き換え便もあります。

【取り寄せ(地方発送)について】

本文にホームページの記載がありますので、ご参考ください。
ここではとくにオンライン通販以外の取り寄せ情報につき、掲載します。

●近江屋洋菓子店

アップルパイ(ホール)3672円
Tel 03-3251-1088(月~土9時~19時/日祝10時~17時半)
Fax 03-3251-5815
税込、送料別。ご注文は電話、Faxにて承ります。
Faxで簡単な形でご希望をいただければ、お品代、送料、支払方法等、返信いたします。

●杉本農産

アスパラガス(L/Mサイズ)　1.3kg　4500円　中国•四国•九州は4800円
春夏秋菜セット(アスパラ、とうもろこし、じゃがいも)10800円　中国•四国•九州は11700円
Tel 0120-8313-86(9時~17時、土日休)
税•送料込。インターネットのほかお電話でも承ります。
ご注文承りは4月中旬~5月中旬まで。お届け時期は、アスパラ　5月中旬~6月下旬。
とうもろこし8月中旬~9月中旬。じゃがいも10月上旬~(天候により変動あり)。
航空便、クール便、常温便。送料は価格に含まれます。

●毘沙門堂本舗

栃尾のあぶらげ　5枚　2630円　10枚　4340円　20枚　7540円(税•送料込)
Tel 0258-53-2825(10時~18時、水曜休)
インターネットのほか電話でもご注文を承ります。
お届けはゆうパックチルド便で、代金引き換えの場合はヤマトクール便で発送します。
年末年始•ゴールデンウイーク中は多少遅くなる場合がありますのでご了承ください。

●秋田県畜産農業協同組合鹿角支所

ステーキ用(ロース170g×4)7800円
しゃぶしゃぶ用(ロース340g、モモ350g)6000円
焼肉•すき焼用(肩ロース750g)6000円
焼肉•すき焼ファミリーセット(肩ロース200g、モモ250g、バラ250g)4600円
Tel 0186-25-3311(8時半~17時半、土日祝休)/Fax 0186-25-3312
E-mail　tikusan@ink.or.jp
代金は税込、送料別。ご注文は電話、Faxまたはメールにて。
ご注文を受けてから1週間以内(約5日)の発送となります。
精肉製品は冷凍でなく真空パックです。
ゆうパックチルド便(全国900円)または宅配クール便にて発送いたします。

日本のすごい味

おいしさは進化する

著者　平松洋子

発行　2017年9月30日

発行者　佐藤隆信

発行所　株式会社新潮社

〒162-8711 東京都新宿区矢来町71

電話　編集部　03-3266-5611

　　　読者係　03-3266-5111

http://www.shinchosha.co.jp

印刷　大日本印刷株式会社

製本　大口製本印刷株式会社

ISBN978-4-10-306473-2 C0077